震控成藏导论

曹俊兴　刘树根　何晓燕　著

科学出版社
北京

内容简介

本书是国家自然科学基金重点项目（40930424）部分研究成果的总结。全书系统介绍作者提出的震控成藏的概念、基本证据及主要的科学技术问题。震控成藏是继源控成藏、相控成藏理论之后的又一个新的油气成藏理论，为油气运移与成藏机制分析提供了新的视角，对指导我国及世界前陆盆地的油气勘探具有重要的参考价值。

本书可供油气地质勘探领域的研究和技术管理人员以及相关专业院校的师生阅读参考。

图书在版编目(CIP)数据

震控成藏导论 / 曹俊兴，刘树根，何晓燕著. — 北京：科学出版社，2014.10

ISBN 978-7-03-042249-1

Ⅰ.①震… Ⅱ.①曹… ②刘… ③何… Ⅲ.①地震-关系-油气藏形成-研究 Ⅳ.①P618.130.2

中国版本图书馆 CIP 数据核字（2014）第 245561 号

责任编辑：莫永国 / 责任校对：罗　莉

责任印制：余少力 / 封面设计：墨创文化

科学出版社 出版

北京东黄城根北街16号

邮政编码：100717

http://www.sciencep.com

成都创新包装印刷厂印刷

科学出版社发行　各地新华书店经销

*

2014年11月第　一　版　开本：B5（720*1000）

2014年11月第一次印刷　印张：5.5

字数：120 千字

定价：69.00 元

前　　言

油气是关系国计民生的战略性紧缺资源。油气的增储上产是我国的战略性任务，而油气的增储上产需要有科学的理论指导与相应的技术支持。陆相生油、源控论、相控论、岩性油气藏、多期次成藏、页岩气等理论或假设，极大地推动过油气的增储上产。科学发现、科学创新无止境，在油气成藏领域，肯定还会有新的发现、新的认识。

油气成藏是地球系统演化的一部分。关于地球演化，渐变说与突变说争论了数百年，各自都有无可辩驳的证据。实际情况可能是：地球演化是渐变与突变交替进行，而且是突变主导，渐变演进。地球系统演化如此，油气成藏过程也是如此。绝大部分油气藏都有断裂发育，绝大部分的油气成藏都和断裂活动有关。今天的断层，都是曾经的地震的产物。因此，今天的油气藏，绝大部分都和曾经的地震活动有关。我们认识到这一点，完全是因为 2008 年 5 月 12 日发生的汶川地震。汶川地震在龙门山形成了大规模的同地震破裂，引起了大范围的地下水异常迁移和川西许多天然气生产井的产量变化。这表明地震能引起大范围、大规模的油气快速迁移。由此我们认识到，存在油气运移成藏的震控机制。这一认识，可以称之为油气成藏的震控论。

前陆盆地是最重要的油气勘探领域之一。前陆盆地基本上都毗邻冲断地震带。因此，前陆盆地的油气成藏很可能受冲断带地震的控制与影响。

本书首先介绍汶川地震的地下流体效应和构造形变效应证据；然后分析其油气成藏效应；并在此基础上，分析震控成藏的机制，以及龙门山地震对川西油气二次运移成藏的控制性影响。

本项目的研究由国家自然科学基金委员会(40930424)和油气藏地质及开发工程国家重点实验室资助。中国石化西南油气田分公司和中国石油西南油气分公司为本项目的研究提供了大量数据资料。中国石化、中国石油、中国科学院、吉林大学、西北大学、MIT 等单位的许多学者给予过指导或有益的建议。郑懿、舒亚祥、刘巧霞等博硕士研究生编绘了部分图件；赵亮、邓斌、王兴建、孙玮等同事给予了多方面的协助，藉此表示衷心的感谢！

本书引用了许多前人的研究成果，作者在此句所有引文的作者表示衷心的感谢和崇高的敬意。

本研究学科跨度很大，作者学识有限，错谬在所难免，敬请指正！

作者

2013 年 12 月

目　录

第 1 章　油气与油气成藏

石油和天然气，简称油气，是指在地质历史时期形成，赋存在地下岩石孔裂隙中的可燃性碳氢化合物。石油和天然气的成生储既有差别，更有密切的联系。因此，本书将油气的运移、成藏统一进行讨论。

聚集了油气的地质构造单元称为油气藏。油气藏是油气勘探、开发的对象。“油气成藏”作为一个学术术语，是指油气藏的形成；作为一个研究领域，其探究的是油气的形成与聚集过程以及机理与机制。油气成藏是油气地质学的基本研究内容，但油气成藏分析涉及地质构造、地球动力演化、渗流力学等众多学科。

“油气成藏”研究在内涵与外延上尚无清晰的界定。因此，不同学者所称的“油气成藏”在内涵与外延上可能会有所不同。本书在一般意义上使用“油气成藏”一词，是指油气藏的形成，侧重油气的二次运移与聚散。

1.1　石油和天然气

1.1.1　石油

石油又称原油，是以碳氢化合物为主要成分，赋存在岩石孔裂隙中的棕黑色可燃性油质液体矿物。石油与煤同属化石燃料，是目前世界上最重要的一次能源。2013 年，全球开采原油逾 44 亿吨，其中约 88%的原油被用来提炼汽油、柴油、煤油等燃油，约 12%被用作诸如溶剂、化肥、塑料、农药等化工产品的原材料。2013 年，我国开采原油约 2.1 亿吨，消耗约 4.9 亿吨，原油对外依存度超过了 57.39%。

石油的化学组成主要是碳(83%～87%)、氢(11%～14%)，其余为硫(0.06%～0.8%)、氮(0.02%～1.7%)、氧(0.08%～1.82%)，另有少量微量金属元素(镍、钒、铁、锑等)。碳和氢化合形成的烃类构成石油的主要组成部分，约占 95%～99%。各种烃类按其结构可分为：烷烃、环烷烃、芳香烃，而石油通常是这些烃类化合物的混合物。不同地区产出的石油其主要成分可能会有一定的差别。石油依主要成分的不同可区分为轻质原油、凝析油、重油等类型。

石油的物理化学性质因产地而异(实际是化学组成不同)，密度为 0.8～1.0 g/cm^3，黏度范围很宽，凝固点差别很大(−60～30℃)，沸点范围为常温到 500℃以上，可溶于多种有机溶剂，不溶于水，但可与水形成乳状液。

我国原油产量多以吨计。国际贸易中常以“桶”计，1 桶为 42 加仑，约合 158.98 升。因为各地出产的石油的密度不尽相同，所以一桶石油的重量也不尽相同。一般的，一吨石油大约有 7 桶，轻质油则为 7.1～7.3 桶不等。

石油资源的分布极不均匀，全世界目前发现的石油约有 2/3 在中东波斯湾地区，俄罗斯、美国、中国、南美洲等地都有很大的储藏量。我国的石油资源主要分布在松辽盆地和环渤海湾盆地；此外，塔里木盆地、鄂尔多斯盆地、珠江口和东海陆架等地也有很大的藏量。

关于石油的形成有两种假设：有机成因说和无机成因说。

(1)有机成因说认为，石油是古代海洋或湖泊沉积物中的生物遗体有机质在温度和压力的作用下经过漫长的有机化学反应形成的。从生物遗体有机质到石油是一个漫长的过程，首先形成腊状的油页岩，然后在合适的温度压力条件下逐渐形成液态和气态的碳氢化合物。石油生成的“典型”的深度为 4～6km，深度过浅温度过低时形不成石油，深度过大温度过高时石油会裂解为天然气(图 1.1)。

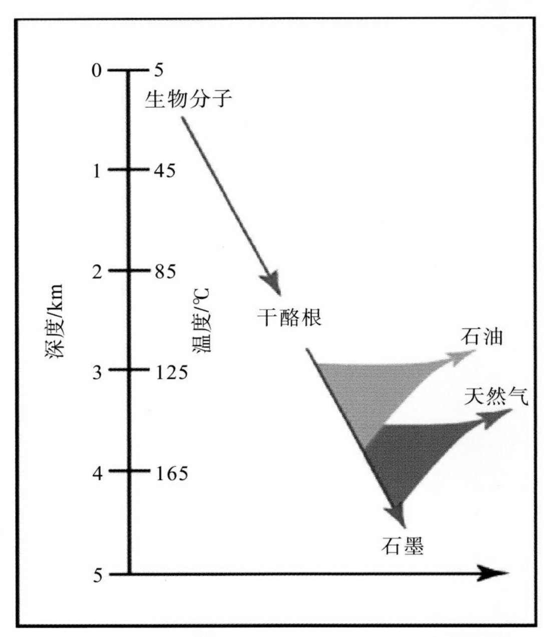

图 1.1　石油和天然气形成的温压条件

资料来源：Matthews(2008)

石油密度较小，相对较轻，形成以后会向近地表运移。现有研究表明，石油的形成至少可能需要 200 万年的时间。目前发现的油藏中，时间最老的可达到 5 亿年之久。

(2)无机成因说认为世界上确实有一些油气田其烃总量之巨很难用生物成因说来解释一些油气是由地壳深部的碳氢化合物沿深大断裂向上迁移形成的，

(3)一些学者认为，油气的有机成因和无机成因都存在，此为所谓的二元成因说。其实，无机成因说并不否认有有机成因石油的存在。而且现有证据表明，绝大多数的油气田都是有成因的。如果有无机成因油气的存在，那它一定和区域性的深大断裂有关，因而也有可能和地震活动有关。

海相地层中形成的石油称为海相石油，陆相地层中形成的石油称为陆相石油。世界范围内，大的油气田多产于海相地层，但我国最大的油田——大庆油田产于陆相地层。

1.1.2　天然气

天然气是一种以甲烷为主，赋存在地下岩石孔裂隙中的可燃气体。天然气通常是多组分的混合气体，主要成分是烷烃，其中甲烷占绝大部分，另有少量的乙烷、丙烷和丁烷；此外，一般还含有硫化氢、二氧化碳、氮和水气以及微量的惰性气体，如氦和氩等。

天然气的比重约为0.65g/cm^3，比石油轻。其主要成分是甲烷(CH_4)，它是最短最轻的烃分子，因比空气轻而易扩散到空气中。纯的天然气无色无味，无毒。但甲烷在空气中的聚集浓度达到5%～15%时会发生威力巨大的爆炸。因此，为帮助检测泄漏，销售的天然气中都加了硫醇(四氢噻吩)，闻起来有刺鼻的气味。

天然气也属化石能源，但它在燃烧过程中产生的有害物质极少，产生的二氧化碳仅为煤的40%左右，是目前最重要的清洁能源。2013年，全世界开采天然气约3.39万亿立方米，我国开采逾1170亿立方米。2013年，我国天然气消费的对外依存度是31.6%。天然气主要用于生活和工业燃气，包括燃气汽车等，同时也是极为重要的化工原料。

天然气与石油生成过程既有联系又有区别(图1.1)。石油主要由腐泥型有机质在深成阶段经由催化裂解形成，形成过程比较缓慢。天然气的原始物质比较多样化，除腐泥型有机质既生油也生气外，腐植型有机质主要生成气态烃。天然气的生成环境也相对更加宽泛，有机物质经过厌氧腐烂时就会产生富含甲烷的气体，石油经过高温裂解也能形成天然气，而且天然气的生成过程可以相当地快。

天然气的成因大致可分为生物成因气、油型气、煤型气和无机成因气。工业开采的目前主要是油型气、次为煤型气。页岩气也是天然气。煤型气、页岩气的储量有可能比常规天然气的储量还大。

(1)生物成因气指在成岩作用阶段的早期，在强还原条件下，沉积有机质经微生物的群体发酵和合成作用形成的天然气。生物成因气出现在埋藏浅、时代新和演化程度低的岩层中，几乎全由甲烷组成，其含量一般大于98%。

(2)油型气是沉积有机质，特别是腐泥型有机质，在热降解成油过程中与石油一起形成的天然气，或者是在后成作用阶段由有机质和早期形成的液态石油热裂解形成的天然气。油型气包括湿气(石油伴生气)、凝析气和裂解气。油型气的形成具有显著的垂直分带性，在浅部(成岩阶段)形成的主要是生物气，在深成阶段后期形成的主要是低分子量的气态烃(C2～C4)(湿气)，以及轻质液态烃在较高温压条件逆蒸发形成的凝析气。在深部，由于温度更高，生成的石油会裂解为小分子的轻烃直至甲烷，有机质亦进一步生成气体。以甲烷为主的石油裂解气是油型气生成序列的最后产物，通常将这一阶段称为干气带。

(3)煤型气是指煤系有机质(包括煤层和煤系地层中的分散有机质)经热解生成的天然气。煤矿开采中常见的瓦斯就是煤系地层中形成以甲烷为主要成分的煤成气。煤型气一般为干气，也可能有湿气，甚至凝析气。煤型气也可形成特大气田。

(4)无机成因气包括以甲烷为主要成分的天然气和 CO_2。无机成因天然气可能有两类形成方式：特定条件下的无机反应形成($CO_2+H_2 \rightarrow CH_4+H_2O$)和封存在地幔中的地球原始大气中的甲烷等沿深大断裂或伴随火山活动等排出形成(即所谓的幔源气)。CO_2气也有两种形成方式：碳酸盐岩在高温条件下的分解和封存在地幔中的地球原始大气中的 CO_2。

天然气的分布领域比石油广，产出类型和储集形式比石油多。天然气藏既有与石油聚集形式相似的常规天然气藏，如构造、地层、岩性气藏等；又可形成煤层气、水封气、气水化合物以及致密砂岩、页岩气等非常规的天然气藏。世界上已探明的天然气储量中，约有 90%都不与石油伴生，而是以纯气藏或凝析气藏的形式出现，这表明天然气的成藏与石油的成藏规律可能有所不同。

天然气的地理分布很不均匀，世界天然气资源半数以上分布在俄罗斯和中东海湾地区。我国的天然气主要分布在鄂尔多斯盆地、四川盆地、塔里木盆地、柴达木盆地、莺-琼盆地五大盆地。

1.2 油气藏

油气藏(oil/gas reservoir)是地壳内油气聚集的基本单元，是具有独立压力系统和统一的流体界面的单一圈闭。圈闭(trap)是由盖层(渗透率极低的岩层如泥岩、页岩或类似的地质构造如封堵性很好的断层、不整合面等)围限储层(高孔渗岩石)组合而成的油气聚集空间。圈闭中如果主要聚集了油，是为油藏；如果只有天然气，是为气藏；如果是气上油下的油气共存，是为油气藏。本书所称的油气藏如不加特别说明则泛指油藏、气藏和油气藏。

油气藏的类型较多，依据不同的分类标准可以划分出不同类型的油气藏。油气藏的分类主要依据圈闭类型划分。圈闭类型实际指的是油气的封存条件，表现为盖层和储层的不同组合形式。依据圈闭类型的不同可将油气藏划分为构造油气藏、岩性油气藏、水动力油气藏和复合油气藏四类，其中以构造油气藏和岩性油气藏最为常见与重要。

中国早在公元前 2 世纪就开始利用石油和天然气，但现代的油气成藏理论和勘探方法均诞生在美国①。在各类油气藏中，最早被认识的是构造油气藏中的背

① http://www.bookrags.com/research/petroleum-history-of-exploration-woes-02/.

斜油气藏(图1.2)，它也是最主要、最普遍、最易发现的油气藏类型。大约在19世纪中叶，美国宾夕法尼亚的油气勘探者即注意到了油气分布于背斜高点这一现象。1861年，怀特(Israel Charles White)通过简易的物理模拟实验后提出了著名的背斜找油气理论。他认为，比重较轻的石油在地下岩层的水介质中受浮力作用始终趋向于自深向浅运移，它们在运移过程中遇到致密的盖层后将通过侧向运移汇集到构造高点形成背斜油气藏。1875年前后，背斜成藏理论传到欧洲及世界各地并在实践中获得巨大成功，背斜控油气理论与背斜找油气方法的历史地位由此确立(庞雄奇等，2007)。

随着油气勘探的深入，在找到大量背斜油气藏的同时也发现了一些非背斜油气藏。继1919年在世界上发现第一个非背斜油藏之后，1930年乔伊纳在东德克萨斯发现地层油藏。1934年，威尔逊(J. Tuzo Wilson)提出了非构造圈闭(non-structural trap)的概念，用以指"由于岩层孔隙度变化而封堵的储集层"内形成的油气藏。1936年，莱复生(A. I. Levorsen)提出地层圈闭(stratigraphic trap)的概念；1964年，他进一步提出了"隐蔽圈闭"(subtle trap)一词，用以概括构造、地层、流体(水动力)多要素结合形成的复合圈闭。1972年，哈尔鲍蒂(H. T. Halbouty)引用"subtle trap"的概念，用以指地层圈闭、不整合圈闭、古地形圈闭；同年，美国研究者罗伯特(E. K. Robert)编著出版了《地层油气田》一书，提出了隐蔽油气藏的勘探问题。至此，基本形成了现代对油气藏的基本认识：油气藏的类型是复杂多样的(图1.2)，是"必须依赖人的创造性想象思维和技术的感性应用所确定的任何钻探目标"①。

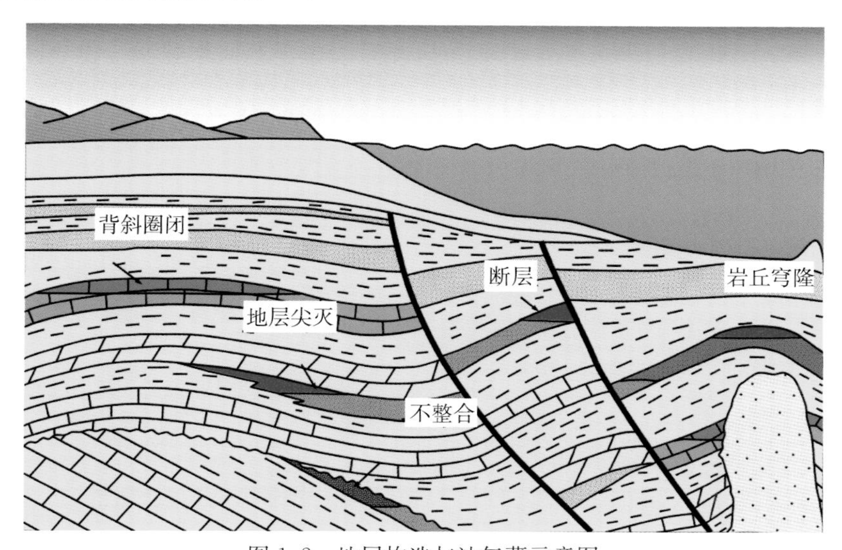

图1.2　地层构造与油气藏示意图

资料来源：American Petroleum Institute(1986)

① http：//www.lw23.com/pdf_300777b8-f391-4908-8b57-0234e2a44e63/lunwen.pdf.

我国对隐蔽油气藏的研究始于 20 世纪 80 年代，代表性的著述有 1983 年中国石油学会石油地质专业委员会编辑出版的《中国隐蔽油气藏勘探论文集》，1986 年胡见义等编著的《非构造油气藏》，1998 年潘元林等主编的《中国隐蔽油气藏》，2004 年李丕龙等主编的《隐蔽油气藏形成机理与勘探实践》等。隐蔽油气藏已经成为我国油气勘探的重点领域。

非背斜隐蔽油气藏可以通称为复杂油气藏。复杂油气藏成因复杂，既包括岩性油气藏等非背斜构造油气藏，也包括不易发现的低缓背斜构造油气藏；储层类型和形态多样，既包括泥岩围限的砂岩透镜体，也包括生物礁滩、风化缝洞、古潜山、火山口等；油气水压力系统复杂，既可能是统一的流体压力系统，也可能是分离的油气水压力系统；油气封堵条件多样，既可能是不渗透岩层，也可能是断层、不整合面，甚至是水层。复杂油气藏可能是一个油气藏就是一个类型，因此认识和勘探难度都很大。经过几十年的大规模勘探，世界上绝大多数盆地规模较大的背斜构造基本上都进行过普查性勘探，可以说大型的背斜构造油气藏基本发现殆尽。现阶段，以及将来，油气勘探的主要目标是各类复杂油气藏，如岩性油气藏、生物礁滩油气藏、碳酸盐岩缝洞油气藏、古潜山油气藏、裂缝性油气藏、火山岩油气藏等。这些油气藏，更多的是依据储层的类型而非圈闭类型命名的。

此外，油气藏有时也用以泛指一个油气田的所有油气储集体。油气藏是计算储量的基本单元。储量=圈闭体积×储层孔隙度×油气饱和度。油气精细勘探的基本任务就是确定油气藏的这三个参数。

1.3　油气成藏

油气成藏(hydrocarbon accumulation)指油气的聚集成藏。油气成藏和油气藏是两个密切关联的概念。油气藏描述的是油气储集体(储层)及其地质环境(围岩)，是特定油气成藏作用的结果；油气成藏描述的是油气藏的形成机制与过程，是油气藏存在的原因。油气藏的结构与特征是分析油气成藏机制与过程的基础与约束；油气成藏的理论与分析方法是研究预测油气藏结构的理论基础与实践指导。总的来看，油气藏是一个描述油气赋存状态的静态概念；油气成藏是一个描述油气运移机制与过程的动态概念。

油气成藏的机制与过程也就是油气迁移、聚集的机制与过程，本质上是一个岩石孔裂隙中的油气流体运移聚集的问题，在物理上就是一个强非均匀介质中的渗流力学问题。油气运移可以分为两类：初次运移和二次运移。初次运移或称一次运移指油气形成后自源岩中的析出与聚集成藏(图 1.3 中⓪①)；二次运移指油气藏中的油气的再迁移(图 1.3 中②)，再运移可以发生多次。就确定的油气质点而言，初次运移和二次运移的先后顺序是确定的，但对于一个含油气盆地而言，初次运移和二次运移常常是交替发生的，不能从时间上绝然分开。而实际上，油气运移贯穿油气生成、油气藏形成乃至破坏的全过程。油气初次运移与油气生成有直接联系，受烃源岩物理性质的影响也较大，因而常将生烃与排烃(即初次运移)一起研究；而油气二次运移多受过构造运动控制，受储集层岩石物性影响较大，二次运移的重要结果是油气聚集，因此常将油气的二次运移与油气聚散一起研究。

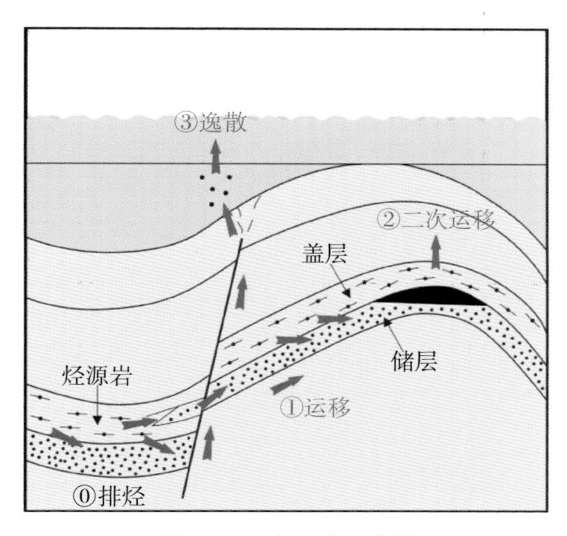

图 1.3　油气运移示意图

资料来源：Matthews(2008)

1.3.1　初次运移

初次运移(primary migration)主要和压排有关，压力主要是上覆岩层的垂向静压。地震的同震破裂对油气初次运移的影响有限，但孕震应力的影响可能较大。孕震应力通常表现为缓慢的侧向挤压。侧向挤压不仅有利于油气自烃源岩的排出，更有利于侧向的运移聚集。背斜成藏之背斜主要由侧向挤压形成。

烃源岩中的干酪根裂解形成的油气弥散在岩石孔裂隙中。随着埋深的增加和压实作用的进行，弥散在烃源岩岩石孔裂隙中的油气会逐渐被压挤排出，在高孔隙度的岩石(储层)中形成聚集(图 1.4)，形成有工业价值的油气藏。油气自烃源岩中被压挤排出的微观机制可能复杂而多样化的，一些油气成藏专著对此有详细的总结论述(A. 佩罗东，1993；李明诚，1994)。

烃源岩以富含有机质的泥岩为主，其原始沉积物以泥质(黏土矿物)为主，富含水。泥质沉积在深埋压实过程中，首先会挤出大量的水，孔隙度急剧减小。待埋深增加(伴随温度的升高)到石油开始形成时，烃源岩的孔隙度和渗透率已经很低，如无合适的烃源岩-储层空间组合，烃源岩中的油气是很难排出并聚集成藏的。实际上，许多烃源岩(经历漫长的地质历史演化后，多数已经成为页岩)中仍残存有大量的天然气或油质。页岩气和油页岩开发的实际上就是这部分没有排除的油气。

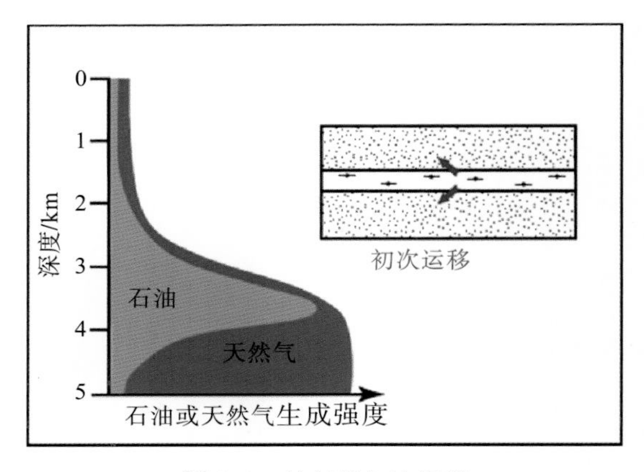

图 1.4　油气的初次运移
资料来源：Matthews(2008)

1.3.2　二次运移

二次运移(secondary migration)指已经聚集起来的油气再迁移，主要同构造活动有关，尤其是断裂。因为很多油气藏分布在断裂附近，甚至直接交截。关于断裂活动在油气二次运移中的作用，认识是有分歧的。针对一些油气田的油气藏分布在断裂带两侧这一事实，一些学者的解释是“断裂是油气运移的通道”，而另一些学者的解释则是“断裂是一个封堵性边界”。这两种完全不相容的解释似乎都有道理。作者研究团队的看法是：断裂在油气二次运移中的疏导与封堵机制都存在，只是发生在断裂演化的不同阶段。汶川地震表明，断裂活动有活动期与平静期之分。断裂的活动期持续时间很短，但断错速度和位移量均很大，表现为开启的流体运移通道；平静期持续时间很长，但断错速度和位移量均很小，表现为渗透率极低的封堵边界。在地质历史的绝大部分时段，断裂处于蛰伏状态，表现得很平静。但如果发生大地震，断裂会瞬间由平静期转入活动期。也就是说，断裂在油气二次运移中的作用与机制，同其是否为成震断裂或同震破裂有关。如果断裂是成震断裂或同震破裂，其作用以疏导为主；如果断裂处于平静期，则其作用以封堵为主。断裂因地震由平静期转入活动期，使其由油气运移的封堵性边界转换为疏导体系；活动期的断裂因应力的释放和同震破裂为矿物质的充填而逐渐转为平静期，使其由油气运移的疏导体系逐渐转化为封堵性边界。

关于油气的二次运移机制，有多种解释，包括渗透、超压突破、断裂疏导等。这些机制都是实际存在的，但依我们的分析，在成规模的油气成藏中，起主导作用的机制很可能是与地震破裂有关的断裂疏导。

1.4　油气成藏研究的历史与未来

研究油气成藏，除了认识自然现象之外，更重要的目地在于想顺藤摸瓜，即顺油气运移的路径，追寻油气藏的空间位置。油气成藏研究围绕两个互有关联的核心问题展开：①油气成藏的机理；②油气成藏的过程。油气成藏是一个由地质、物理、化学等多因素控制的复杂多相态特殊物质系统的演化过程，具有控制要素多、演化时间长、多种作用机制交织发挥作用、难以实验验证等特点。

自1861年加拿大地质学家亨特提出背斜成藏学说至今的一个半世纪中，油气地质学家对油气成藏的机理与过程进行了艰苦的探索，认识既有长足的进步，也仍有许多问题没有彻底解决(罗晓蓉，2008)。展望未来，必须以回顾历史为起点。在过去的一个半世纪间，对油气成藏的认识经历了如下几个主要的阶段：

(1)1861年，加拿大地质学家亨特提出背斜成藏学说，认为其成藏机理与过程是油气在饱含水的地层内靠浮力向上倾方向的运移与聚集。亨特的背斜成藏学说开创了油气成藏的科学时代。

(2)20世纪初，随着非背斜油气藏的发现和对圈闭性质与特征的认识，逐渐认识到油气运移受流体动力控制，圈闭是油气运移的终点与聚集的场所，发展了非背斜圈闭成藏理论。

(3)20世纪50年代，通过对油气运移聚集过程中流体动力学的研究，确认了浮力、水动力和毛细管力是控制油气运移的主要因素。1953年，美国地质学家Hubbert提出了流体势的概念，建立了油气成藏的动力学机制模型与油气成藏过程的动力学研究方法。

(4)20世纪60年代后期，随着干酪根降解生油生气学说的确立，促使将油气的生成、排出、运移和聚集成藏作为一个系统进行分析研究，形成了含油气系统的理论框架与分析方法。

(5)20世纪80年代以来，随着有机地球化学方法技术的进步，发展了油源层的鉴别方法技术、成藏期的鉴别与成藏年代确定方法技术、成藏过程及含油气系统数值模拟技术方法等，使油气成藏研究从定性走向了定量，从逻辑分析走向了勘探实践。

地球物质系统始终处于运动变化中。作为地球物质系统组成部分的油气也一直处于运移变化中。油气成藏是一个复杂的地质物理化学过程。油气能否运移以及运移结果是散还是聚，取决于诸多因素的时空配置，尤其是地压场、地温场、地应力场(“三场”)和源(岩)储(集)体的空间配置。因此，油气成藏研究不仅要分析含油气系统各组成要素，更要分析各组成要素的组合及组合变化。在初次运移阶段，主要的控制因素是含有机质沉积的矿物与化学组成、沉积物的埋深速率及埋深(地压场、地温场)、烃源岩和储层的空间配置、垂直静压与侧向动压(地应力场)的相对大小等。在二次运移阶段，主要的控制因素是动力(地应力场)、运移通道(源储体的空间配置)、相态、方向、距离以及运移时间和运聚效率等。

油气成藏是一个复杂的地质物理化学系统演化过程，影响因素甚多(如油气地质上的生、运、储、盖、保等；物理上的压力、应力、温度；化学上的温度、酸碱度、水岩反应、表面化学等，以及物理化学甚至微生物的所用等)。其空间尺度与演化速度变化很大(空间尺度变化可从纳米级至千米级；时间尺度变化可从秒至亿年)，同区域地质构造及油气地质条件结合紧密，如何删繁就简地构造出油气成藏演化的数学物理模型，是一个极富挑战性的理论性研究课题；而如何将普适性的油气成藏演化模型与具体的油气地质条件相结合，在恢复目标区的油气成藏过程的基础上预测油气藏的分布，则是会反复被提出的实践性研究课题。

第 2 章　地震引起的地下水与油气异常运移

国内外都曾观测到地震引起的泉水出水量和地下水位的快速变化。地震后泉水出水量既有增大的，也有降低的；地震后地下水位的变化也是如此，既有升高的，也有降低的。国内外也曾观测到过地震引起的油气生产井产量的剧烈变化和地震引起的油气溢出。分析地震引起的地下水和油气异常运移规律，对于理解地震控制的油气运移与成藏至关重要。

2.1　汶川地震引起的地下水异常运移

2008 年的汶川地震，引起了大范围的地下流体异常迁移，具体表现为：①龙门山许多泉水突然增大或减少；②川西平原多处出现喷水冒砂；③大范围的地下水位异常变化。

据作者研究团队实地调查，汶川地震后擂鼓镇石岩村的一个山泉，地震后涌水量大增，持续 2 个多月后逐渐减少。此一现象只有一个解释，是地震引起的。

汶川地震后，川西平原多处出现喷水冒砂液化现象，规模大小不一(图 2.1)。综合多源资料编绘的汶川地震后川西平原的液化点分布参见图 2.2。

(a)液化喷沙裂隙长约 1.5m

图 2.1　汶川地震后郫县某液化点实景(地震后 20 天)

(b)矿火山状液化喷沙，喷出的砂约 $2m^3$

图 2.1　汶川地震后郫县某液化点实景(地震后 20 天)

如图 2.2 所示，汶川地震引起的液化，主要分布在成都平原(龙门山前陆盆地中段)。地震引起的液化规模较小(刘颖等，1984)，地震诱发的泥火山其形成机制与液化具有相似性。

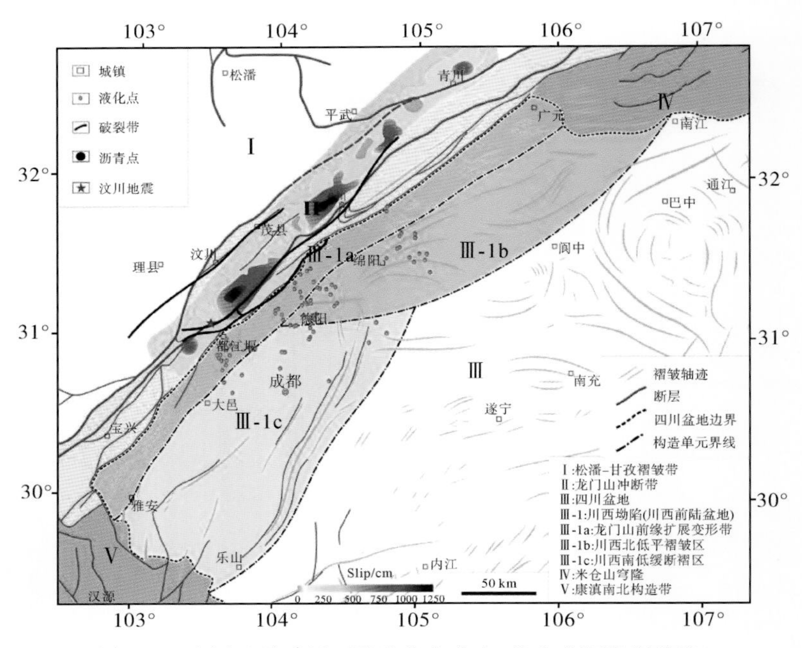

图 2.2　汶川地震后川西的液化点分布(综合多源资料编绘)

汶川地震引起过大范围的地下水水位变化。据汶川地震科学研究报告，汶川地震引起了全国大范围(远达台湾和东北地区)多地水文观测井地下水位的异常变化(图 2.3)。汶川地震引起的地下水位变化，既有升高的(图 2.3，蓝色)，也有降低的(图 2.3，红色)。而据国家地震科学数据共享中心的资料和邱桂兰(2011)等、刘成龙(2012)等的研究，地下水位的同震响应非常复杂，变化类型很多，有阶升、阶降、缓升、缓降、脉冲突跳、震荡、无可观测变化等多种形式，几乎是“一井一型”，而且变化类型和据震中的距离没有相关性(图 2.4)。这预示着，地下水位会因地震而变化，但变化类型可能由地下构造，特别是与观测井连通的断裂裂缝构造所决定。

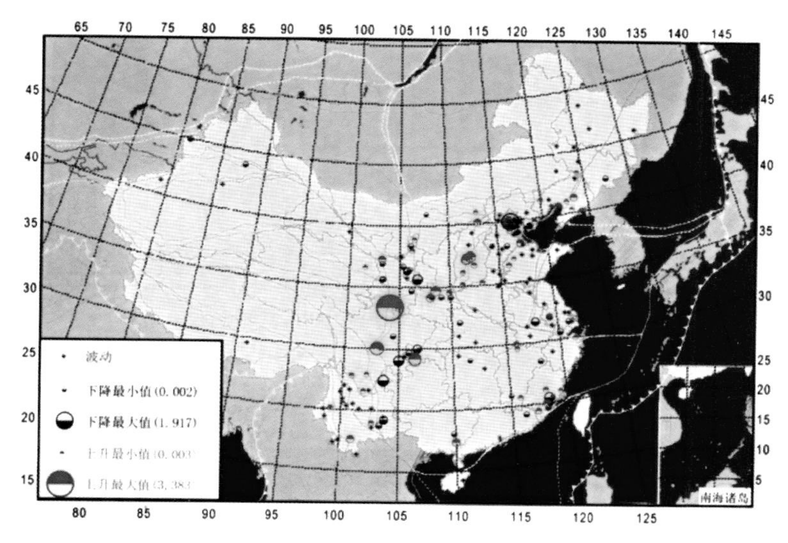

图 2.3 汶川地震的中国大陆水位同震响应

资料来源：汶川地震科学研究报告(2009)

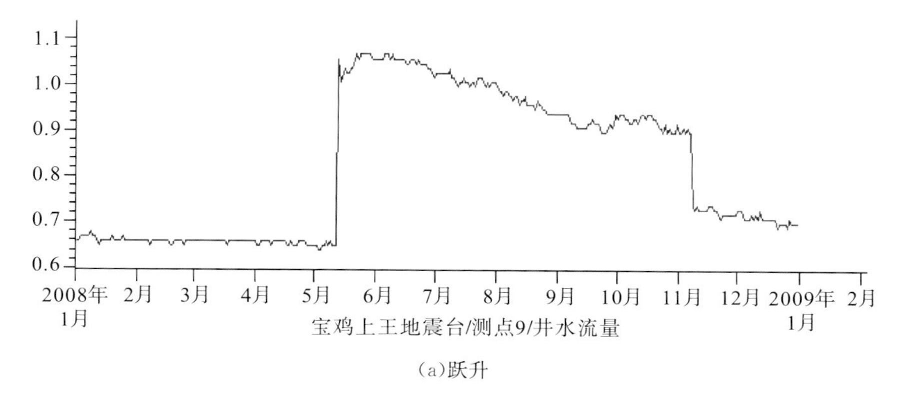

(a)跃升

图 2.4 汶川地震后中国大陆部分水位观测井水位变化曲线

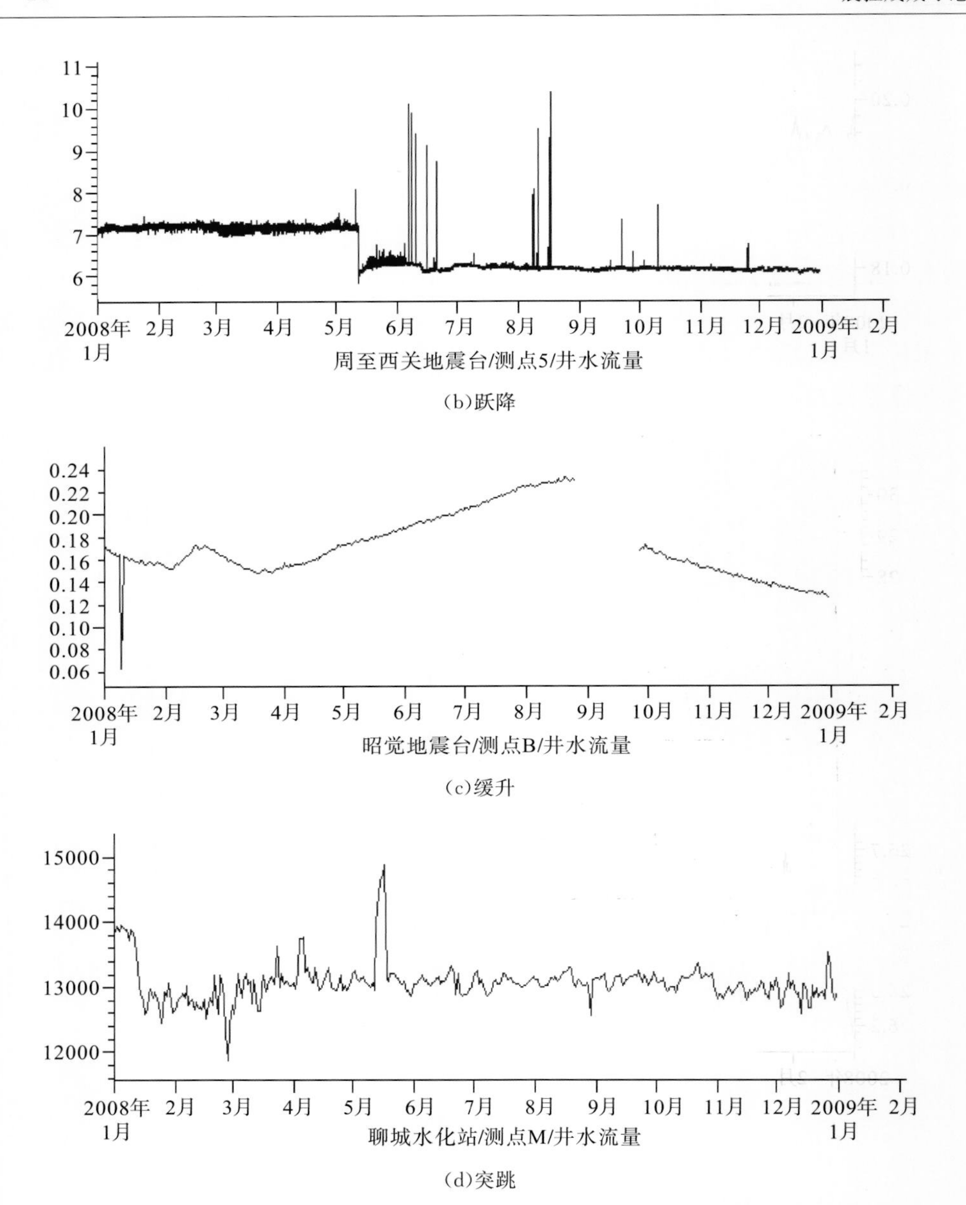

(b)跃降

(c)缓升

(d)突跳

图 2.4　汶川地震后中国大陆部分水位观测井水位变化曲线

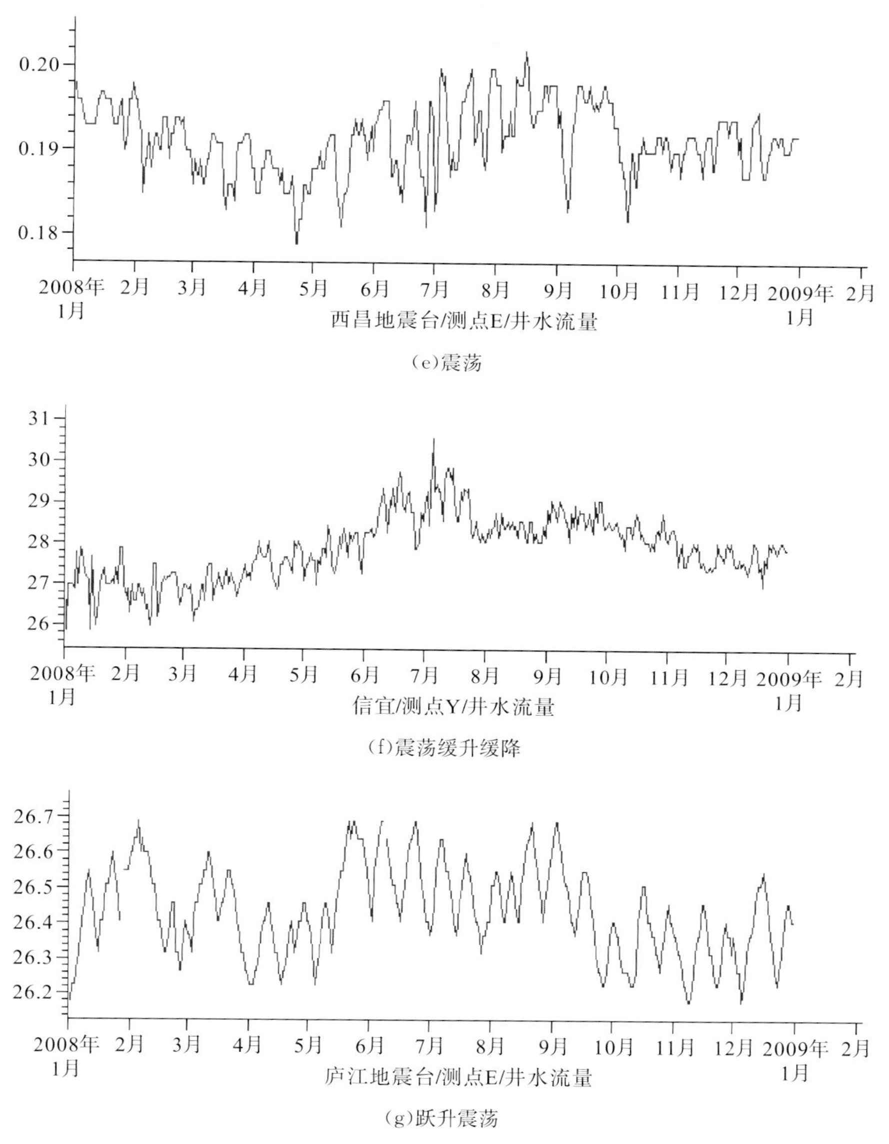

(e)震荡

(f)震荡缓升缓降

(g)跃升震荡

图2.4 汶川地震后中国大陆部分水位观测井水位变化曲线

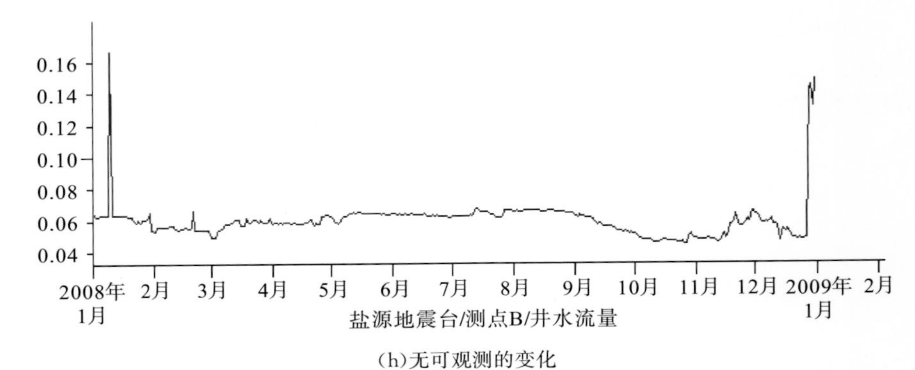

(h)无可观测的变化

图 2.4　汶川地震后中国大陆部分水位观测井水位变化曲线

资料来源：国家地震科学数据共享中心

2.2　汶川地震引起的油气异常迁移

2.2.1　汶川地震后四川盆地西中部新出现的天然气苗

汶川地震后，四川盆地西部和中部多处发现有天然气逸出。逸出点的分布如图 2.5 所示。

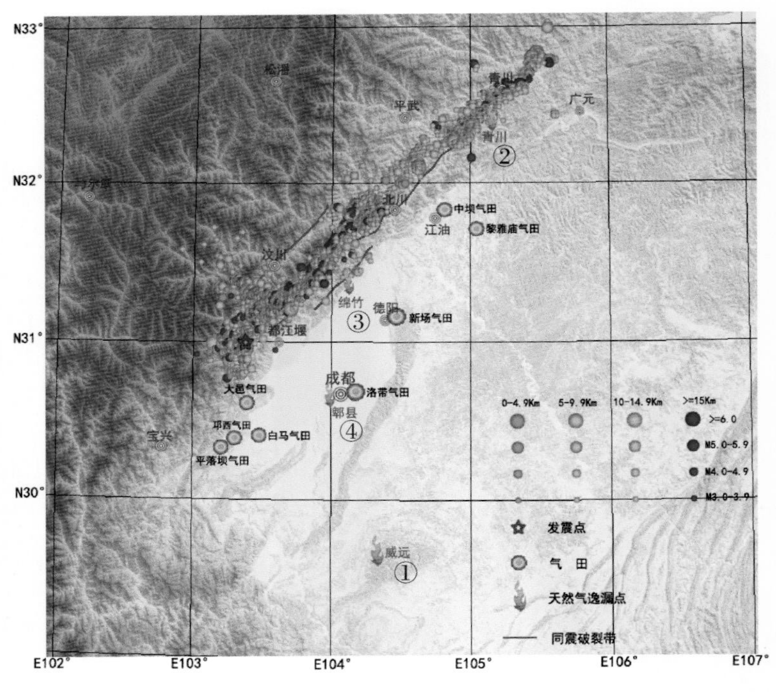

图 2.5　汶川地震后四川盆地西中部的天然气逸出点(火苗符号标示)分布

汶川地震后四川盆地新出现的天然气逸出点分布在两个区带：一个是龙门山及山前带，如绵竹、青川等地的逸出点；另一个是川中威远气田附近。绵竹市和青川县境内的天然气逸出点位于龙门山断裂带附近，而威远逸出点距离汶川地震同震破裂带最近的直线距离约为 130km。部分天然气逸出点照片如图 2.6 所示。

图 2.6　汶川地震后四川盆地威远碗厂镇新出现的天然气逸出

注：左上角的气苗 2008 年 5 月 19 日出现(照片由四川省地震局提供)；右上角的气苗发现于图中小山梁后的深沟中，出现日期不详。

地震当时(2008 年 5 月 12 日 14 时 27 分 59.5 秒)在川西平原多处即形成了涌泉和冒砂，但天然气的逸出则有时间长短不一的滞后。最早的天然气溢出发现于 5 月 19 日，即汶川地震 7 天后，地点在威远(图 2.5 中①，图 2.6)。青川白家乡一口泉眼出现的天然气逸出最早发现于 5 月 31 日，距地震过去了 19 天。青川东河口的气苗出现在 2008 年 10 月下旬，距地震过去了 5 个月。彭州一废弃的探井在 2009 年 3 月初出现间歇性的冒水，冒水的同时有可点燃的天然气冒出。

威远碗厂镇的天然气逸出点位于一个小水塘中，在 1965 年完钻后废弃的一个探井处(威远构造川 2 井)。川 2 井钻深 1923m，终钻于嘉陵江组，未钻达震旦系。据了解，2008 年 5 月 19 日 16 时许，逸出点所在的水塘突然冒起 1m 多高的水柱，并伴有大量气泡涌出(图 2.6)。该处的天然气逸出持续 13 个月后逐渐停止。在该逸出点山梁后的深沟中，还有一个天然气苗，但出现时间不详。威远是一个古隆起。1964 年，威远气田发现，威远气田以储层为震旦系(已知时代最老的储层)而闻名。

青川东河口的地热和气苗(图 2.7)曾引起广泛关注(王成善等，2009)。青川东河口的气苗大约有 300 多个，散布在石板沟河滩和河水中(图 2.8)，延伸大约有 2km。一些气苗附近有油花或蜡斑。据中国石油西南油气田分公司勘探开发研究院王兰教授的分析，石板沟气苗中气体的主要成分为甲烷，其次为 CO_2。王兰生依据同位素分析资料(学术交流)认为青川东河口石板沟气苗中的天然气是生物气。Zheng 等(2013)也研究过青川东河口石板沟气苗的同位素化学组成，认识和王兰生一致。青川东河口石板沟气苗中 CO_2 的含量高达 29%～35%，难以用生物成因解释。据文献报到，地震时断层错动摩擦热引起的断裂带碳酸钙分解会产生大量 CO_2，这也许是青川东河口地震后逸出气中 CO_2 的来源，因为逸出点靠近断层。与此相关的是，在青川东河口大型滑坡体处，有线状分布的高温热气冒出，热气口有硫化物沉积(图 2.7)。

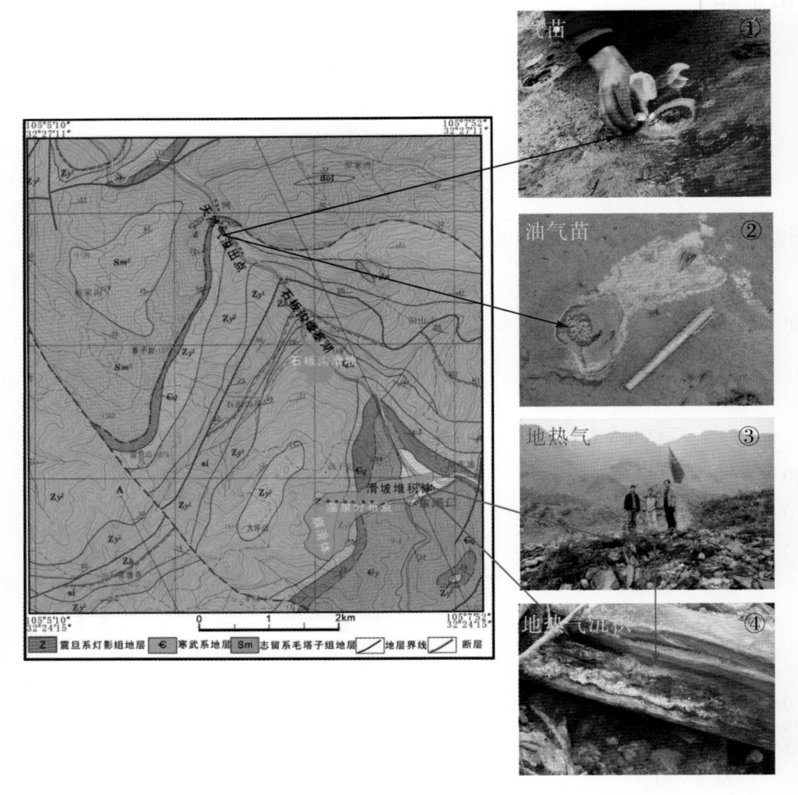

图 2.7　汶川地震后青川石板沟的油气苗(①②)和东河口的地热气及其沉积(③④)

注：青川气苗出现于 2008 年 10 月中旬；区域地理位置见图 2.5 中②。

天然气逸出不易发现，只有逸出量较大，且逸出点在水下时才有可能被发现。因此，实际的天然气逸出点可能远较观测到的为多。

汶川地震的震致天然气逸出有两个特点：①时间的滞后性，②空间范围的广大性。时间的滞后性预示震致天然气逃逸的基本机制可能是：地震导致气藏盖层出现微破裂，天然气沿震致微破裂向上迁移逸出。空间范围的广大性预示地震会引起大范围的地下油气快速迁移。

2.2.2 汶川地震引起的川西天然气气井产量变化

地震引起油气产量变化，在中外都有报道(张德元等，1983；Matsumoto，1992；Beresnev et al.，1994；Roeloffs，1998；Brodsky，2003，Elkhoury et al.，2006；Doan et al.，2007；Manga et al.，2007；Liu et al.，2007；Environment Canterbury Groundwater Resources Section. 2011；Geballe，et al.，2011；Gasperini，et al.，2012)。汶川地震后，通过对川西新场、江油、大邑等气田 230 多口在汶川地震后仍生产的天然气井的产气量、产水量和井压变化的分析，归纳出了如下类型。

1. 地震后立即出现气量的跃降与水量的跃升

以川西新场气田新 856 井为代表(图 2.8)。地震发生后(横坐标零点)，产气量立即下降；与此同时，出水量急剧增加，井压急剧降低。图 2.8 同时显示，地震 28 天后，产气量又发生了一次阶跃式的降低，而与此同时出水量发生了一次阶跃式的增高。与此时间点对应的是，6 月 11 日在汶川发生了一次 Ms 5.0 级地震。

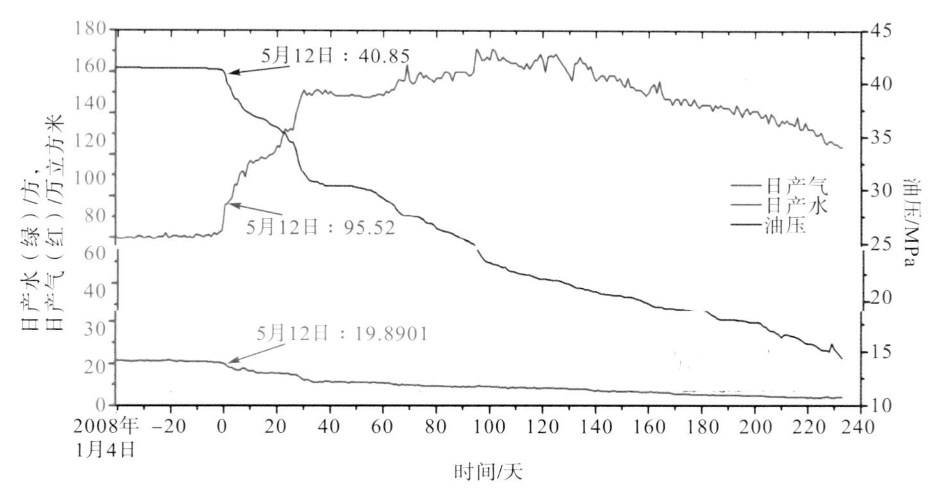

图 2.8　汶川地震前后川西新 856 井产气量和产水量变化情况

注：2008 年 4 月 1 日～12 月 31 日；横坐标“0”为 2008 年 5 月 12 日，即汶川地震日；下同。

机制分析：地震导致储层发生微破裂，天然气逸散，导致天然气产量下降；破裂引起渗透率突然增加导致出水量发生阶跃增加。

2. 地震后出气量跃升然后快速回复到原水平

以川西平落坝气田平落 2 井为代表(图 2.9)。该井地震后出气量发生跃升，10 日后跃降，然后又迅速跃升，持续 10 余日后快速下降；与此同时，出水量也有小幅同步同向起伏。川西新场气田新 12 井地震后关井 1 天，恢复生产后天然气产量也发生了跃升，持续约 10 日后震荡跃降比震前略低的水平维持稳定(图 2.10)。

机制分析：地震导致储层发生微破裂，使渗透率瞬间增大，导致天然气产量跃升，当裂缝联通区域的天然气快速排出后，出气量出现锐减。

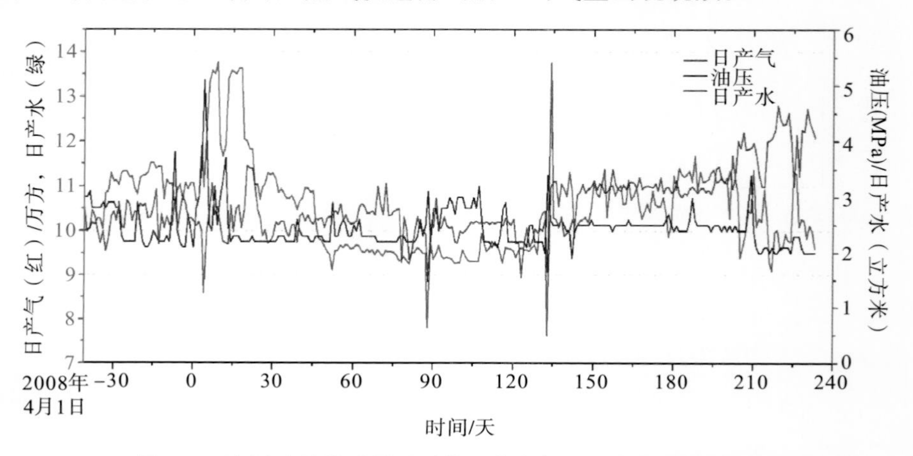

图 2.9　汶川地震前后川西平落 2 井产气量和产水量变化情况

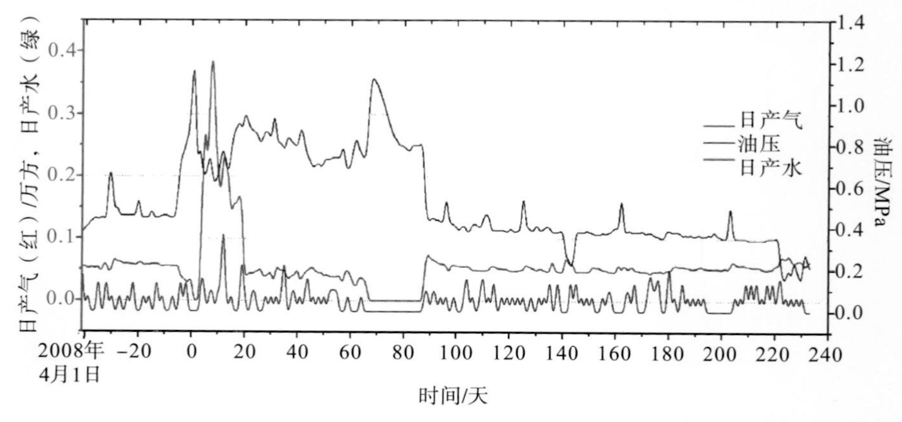

图 2.10　汶川地震前后川西 X-12 井产气量和产水量变化情况

3. 地震后气量和水量先跃降然后短暂跃升

以川西新场气田新 3 井为代表(图 2.11)。该井地震后关井 1 日，恢复生产后，产气量阶跃降低，出水量虽有小幅振荡但总体水平与震前持平。地震后第

29 天，产气量和出水量均发生阶跃增加，持续 3 日后回落，但维持了一个相对较高的水平。

机制分析：地震一段时间后，有破裂贯通了深部气藏和该井产层，使得该井产层获得了额外的流体供应。还有一种可能，该井产层内地震后新形成的破裂延伸到了该井的抽气口。

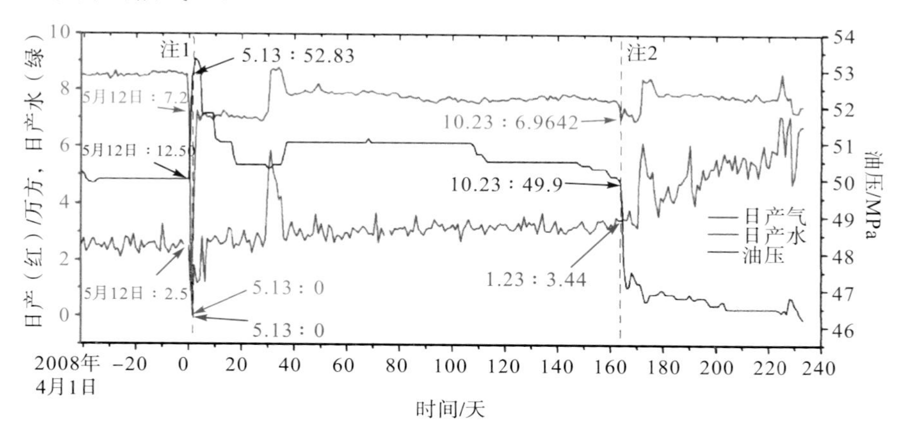

图 2.11　汶川地震前后川西新 3 井产气量和产水量变化情况

4. 地震后气量震荡减小，水量稳定

以川西联 109-1 井为代表(图 2.12)。该井地震后关井 1 日，复开后产气量震荡显著减少，出水量基本维持稳定；地震 70 多天后出气量趋于稳定。

机制分析：地震微裂缝等增加了储层的储集空间，气压降低，出气量减少，然后在达到平衡态后，出气量与出水量趋于稳定。

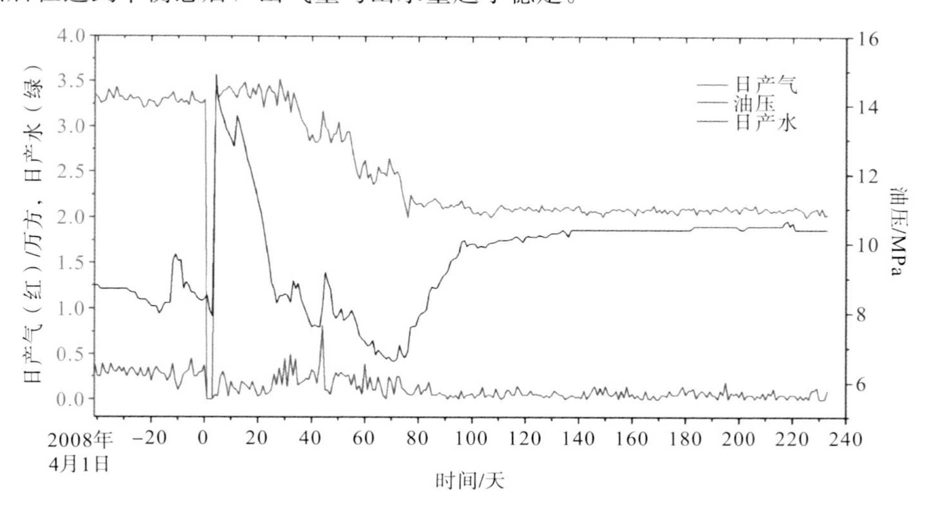

图 2.12　汶川地震前后川西联 109-1 井产气量和产水量变化情况

注：5 月 13 日关井。

5. 地震时出气量和出水量微幅波动

以川东北河坝 1 井为代表(图 2. 13)。地震发生当日，产气量微幅上升，出水量微幅下降，然后基本恢复到原来水平。该井在地震 31 天后更换过一次工作制度。工作制度更换后出气量和出水量均有阶跃性增加，但无法确定其和地震的关系。

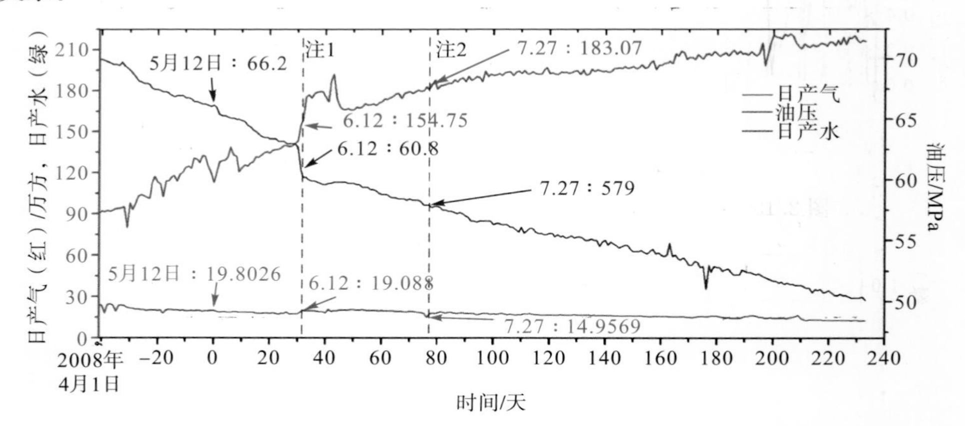

图 2. 13　汶川地震前后川东北河坝 1 井产气量和产水量变化情况

注 1：更换工作制度；注 2：调产。

6. 难以判断相关性的规则变化

许多川西气井在地震后一段时间内其出气量和出水量变化呈现复杂态势，但无法确定其和汶川地震的关系，甚至也无法确定变化规律。相关证据参见图 2. 14 至图 2. 16。

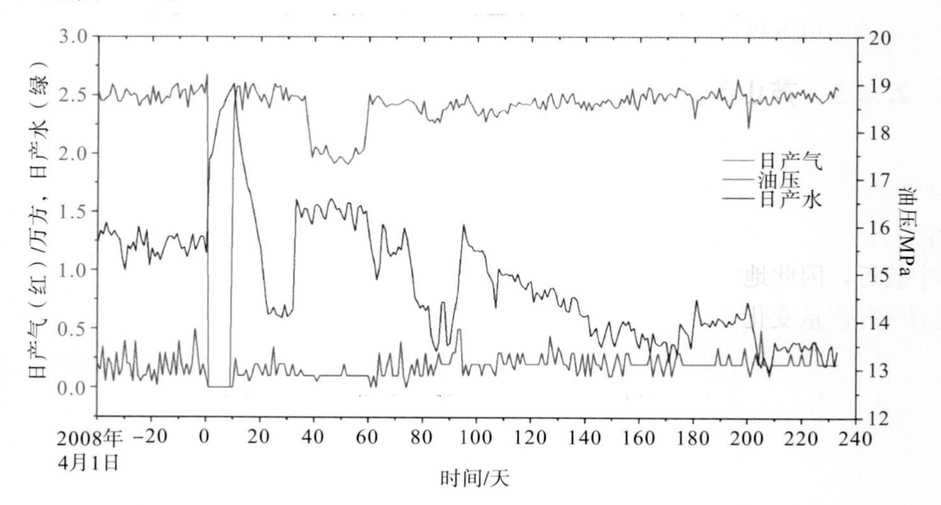

图 2. 14　汶川地震前后川西联 111-1 井产气量和产水量变化情况

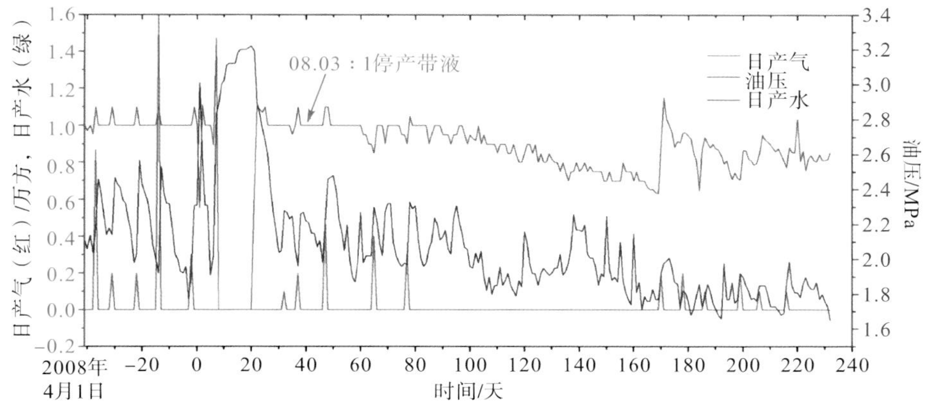

图 2.15　汶川地震前后川西川孝 482 井产气量和产水量变化情况

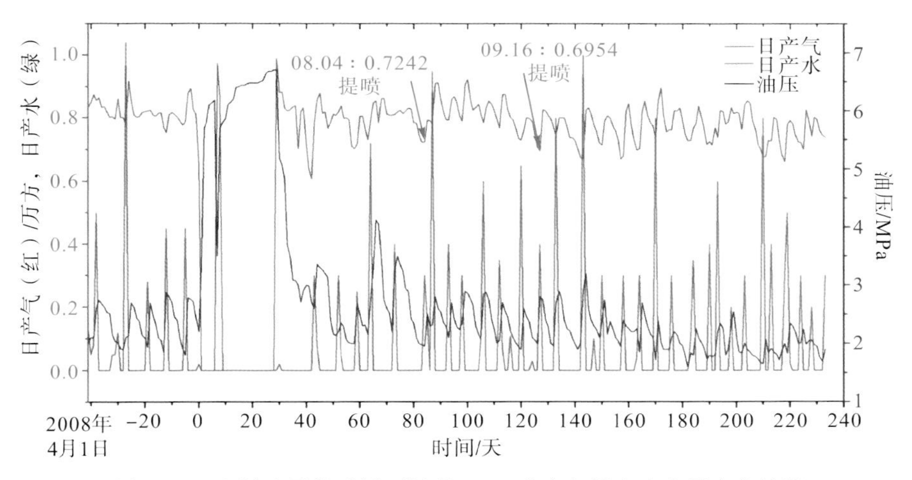

图 2.16　汶川地震前后川西川孝 498D 井产气量和产水量变化情况

2.2.3　芦山地震引起的川西天然气气井产量变化

2013 年 4 月 20 日芦山地震后，作者研究团队收集分析了距离震中较近的几个气田的气井产量变化情况，见图 2.17 和图 2.18。芦山地震的震级比汶川地震约低 1.3 级，芦山地震释放的能量约为汶川地震的 1/40。但因平落坝等气田距离震中较近，因此地震仍对部分气井的产量产生了显著的影响。显然，这次地震引起的气井产量变化也是复杂的。

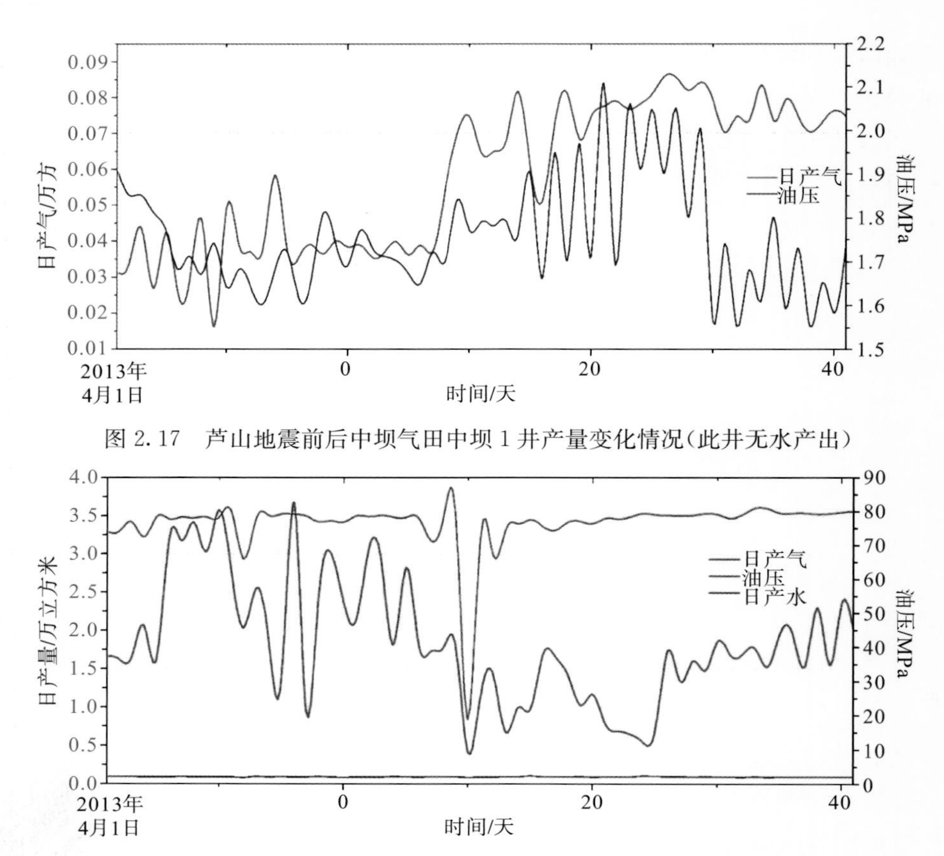

图 2.17　芦山地震前后中坝气田中坝 1 井产量变化情况(此井无水产出)

图 2.18　芦山地震前后中坝气田中坝 19 井产量变化情况

2.3　历史地震引起的地下水异常迁移

地震引起的地下水变化，在世界范围内都曾被广泛研究(Matsumoto，1992；Roeloffs，1998；Brodsky et al.，2003；Elkhoury et al.，2006；Doan、Cornet，2007；Liu Yaowei，2007；Geballe et al.，2011. Environment Canterbury，2011)。最著名的，当属 1857 年美国加州 Fort Tejon 地震的水文效应。据洛杉矶星报报道，1857 年 1 月 9 日 Fort Tejon 地震时，曾有目击者看到科罗拉多河瞬间干枯，然后河水很快又翻卷着从地下冲了上来，并冲上河岸很远。这应该是河床下大的通天断裂在地震时开合作用的结果，地下水和地表径流水交融在了一起。

地震引起的地下水变化，有两种表现：一个是地下水位的升降，另一个是地表径流的增减。前者如 1989 年美国加州 Loma Prieta 地震后，Parkfield 的 BV 井观测到了 1m 的水位升高(Roeloffs，1998)；后者如 1959 年美国蒙大拿州地震后 Hebgen 湖三条入湖流量的增加(King et al.，1994)。地震后河水流量的增加，在剔除降雨影响外，通常都是泉水流量的增加导致的，反映的是地下水出水量的增加(Muir-Wood et al.，1993)。一些泥火山的喷发(图 2.19)，也应归于地震的地下水运动响应。泥火山在世界范围内内分布是比较广的[①]，有的规模相当大。2013 年 9 月 24 日巴基斯坦发生 7.7 级地震，随后在距震中数百千米外的阿拉伯海近海岸出现了一个泥火山(图 1.19)。此前，在 2001 年巴基斯坦的另一场 7.7 级地震中，在距震中数 482km 外，也形成过一座泥火山。

图 2.19　2013 年 9 月 24 日巴基斯坦地震在距震中数百千米外的近海岸形成的泥火山[②]

地震引起的地下水位变化，较为常见的是突然跃升后的缓慢回落(图 2.20)，也有“瞬态”的短暂升降(图 2.21)。泉水的流量变化也有类似的特点。泉水流量跃升后的缓降过程可以持续 4～12 个月。

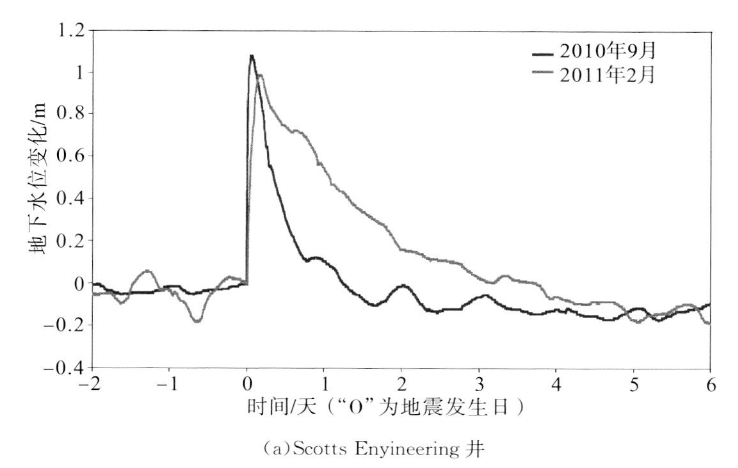

(a)Scotts Enyineering 井

图 2.20　新西兰基督城地震引起的井水位变化

① http://news.nationalgeographic.com/news/2013/09/130925-gwadar-pakistan-island-mud-volcano-earthquake/

② http://wantan.tacocity.com.tw/wantan/story/story3.htm

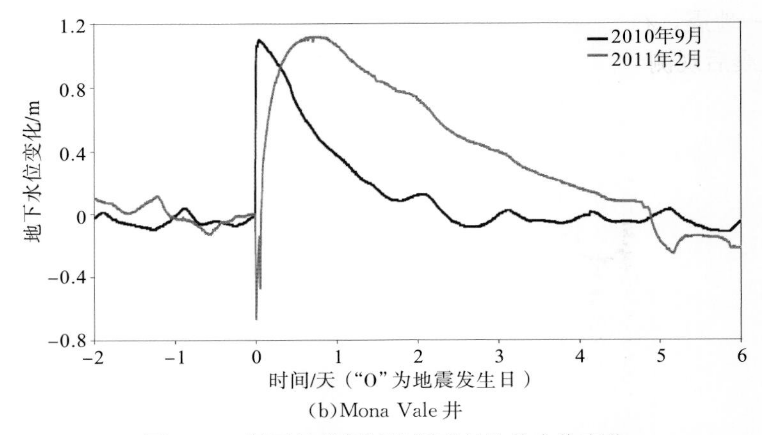

(b)Mona Vale 井

图 2.20　新西兰基督城地震引起的井水位变化

注：据 Environment Canterbury(2011)；所标年月为地震发生时间。

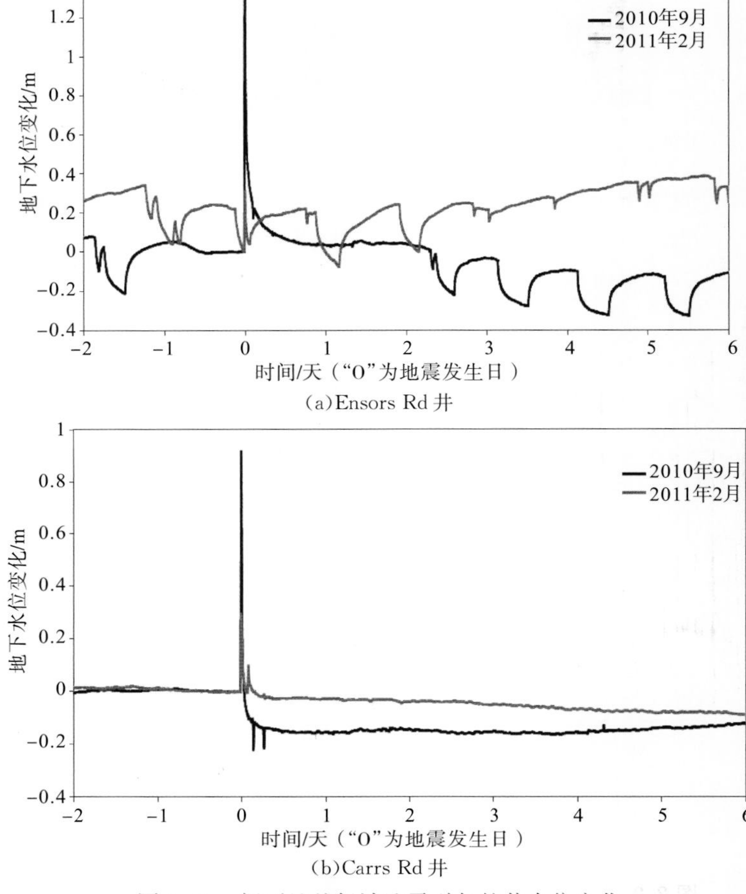

(b)Carrs Rd 井

图 2.21　新西兰基督城地震引起的井水位变化

注：据 Environment Canterbury(2011)；所标年月为地震发生时间。

同一地震，在不同地点导致的地下水位变化可能完全不同。图 2.22 是台湾集-集地震后观测到的四类地下水位变化曲线。

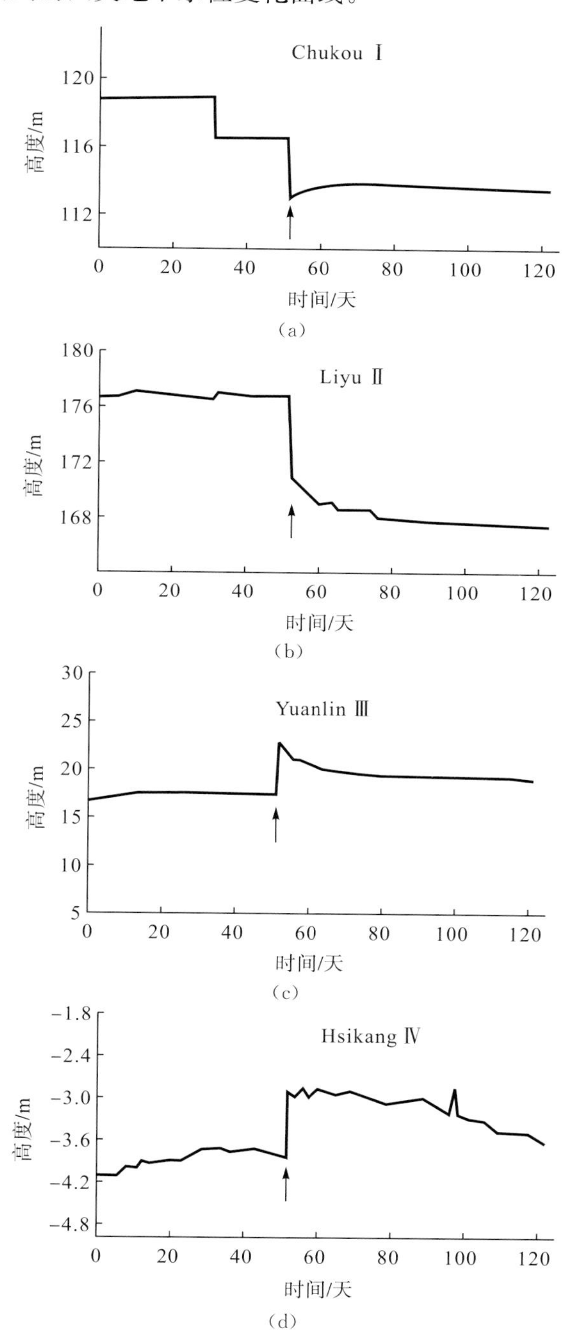

图 2.22　1999 年台湾 M 7.5 集一集地震引起的四类井水位变化

资料来源：Manga、Wang(2007)

大地震可以引起很大范围的地下水的异常运动。图 2.23 是广东梅州 2004 年在苏门答腊 M 9.2 地震后出现的喷泉。喷泉在地震后 2 天出现，开始时水柱高度可达 50～60m（广东梅州距震中约 3200km）。1964 年 3 月 27 日美国阿拉斯加 M 8.5地震后所进行的全球水文地质效应调查表明，该次地震使加拿大、英格兰、丹麦、比利时、埃及、以色列、利比亚、菲律宾群岛、西南非和澳大利亚北部等地区的井水位发生了明显的变化。地震引起的地下水异常迁移是普遍存在的（Manga、Wang，2007）。

图 2.23　2004 年苏门答腊 M 9.2 地震后广东梅州出现的喷泉

注：喷泉在地震后 2 天出现；广东梅州距震中约 3200km。

转引自：Manga、Wang(2010)

2.4　历史地震引起的油气异常迁移

国内外都曾有关于地震引起油气溢出和油气生产井产量变化的观测报道。

2.4.1　国内相关研究

国内最早分析讨论地震引起油气井产量变化的可能是吴振林等（1980；1983）。据吴振林等的统计，20 世纪 60～70 年代的海城地震、唐山地震、官屯地震、宁河地震期间或前后辽河油田、大港油田、胜利油田某些油井的油、气、水产量和压力都有变化。如渤中 2 井，1976 年 11 月 15 日宁河地震前 20 天产油量由 45t/d 快速下降至 7t/d；临震时，井口套压由 0.41MPa 上升到 0.85MPa，产量上升至 114t/d，该井离震中 50km。又如位于黄骅凹陷边缘仓东断裂带附近的 W-11 井（距唐山地震震中 160km），1975 年 7 月试油因低产而关井，但在 1976 年 7 月 28 日唐山 7.8 级地震前曾出现三次喷油，后又于 1976 年 11 月 15 日宁河 6.9 级地震前喷油两次，1977 年 5 月 12 日宁河 6.5 级地震前喷油三次。唐山地震也曾引起距震中远达 250km 的胜利油田坨 3-5-13 井产量上升(图 2.24)。唐山地震极震区长 8km，宽 30m 的地裂缝喷砂压地 300km²，碱水淹地 460km²，表明大地震具有强大的流体运移驱动力。

如同地震对地下水运动的影响一样，地震引起的油气运移可能是十分复杂的，这通过不同井对同一地震的不同响应就可以看出(图 2.25)。

川西北矿山梁地区的沥青脉，是龙门山历史地震作用下石油迁移的遗成物(黄第藩，2008)。

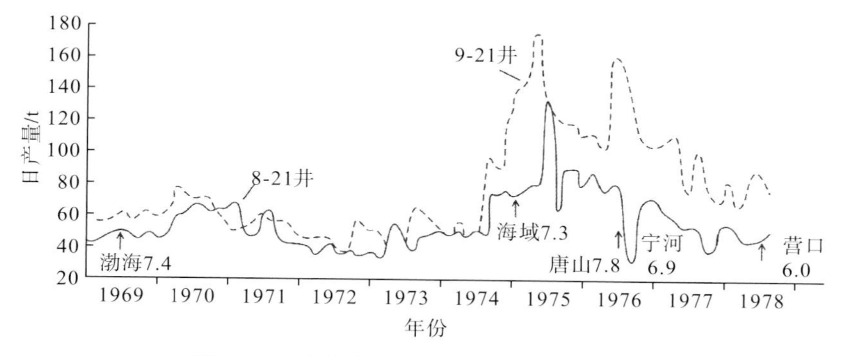

图 2.24　胜利油田油井产量与地震对应关系

资料来源：张德元等(1983)

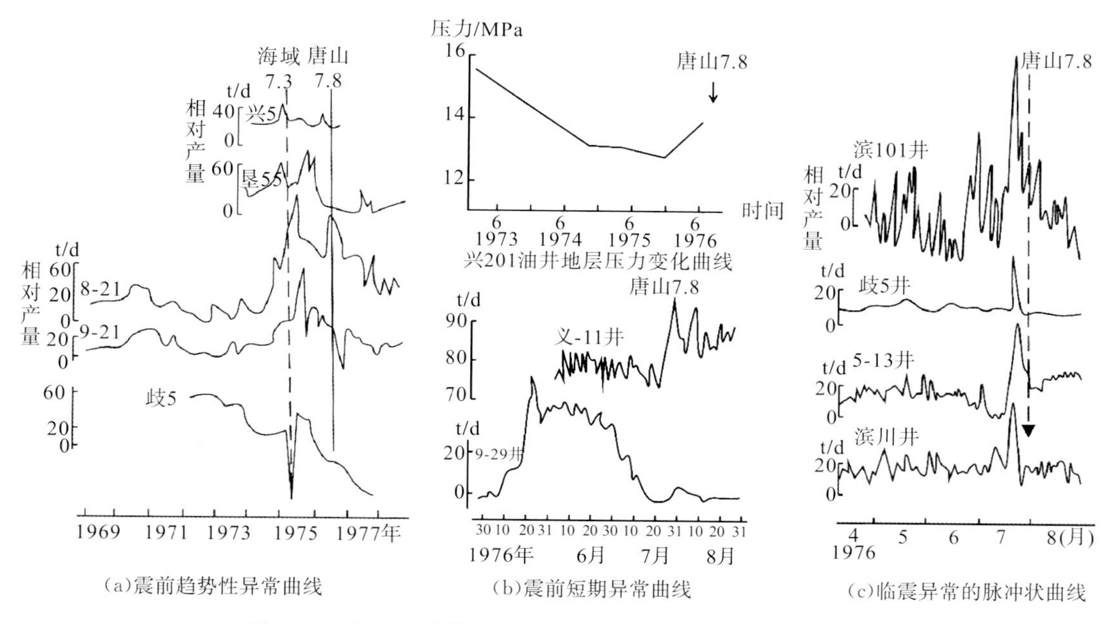

图 2.25　唐山地震前后渤海及其周邻地区油井产量变化曲线

资料来源：张德元等(1983)

2.4.2 国外相关研究

在国外，1938年，在苏联老格罗兹尼油田的天然地震中发现油井产油量提高的现象。1948年，苏联北高加索Starogroznenskoye油田，在一次地震后产量增加了45%。1981年，Osika公布了达吉斯坦一次4.8级地震后，距震中300km的Kolod油田产量出现异常情况，其中5号井产量从51.8m^3/d增加到73.6m^3/d，162号井的储层压力增加了10%～15%，130号井的液面上升了9m，然后逐渐回到原位。

Beresnev、Johnson(1994)总结过早期关于地震引起油井产量变化的研究报道(表2.1)，多数情况下，地震引起油井产量的增加。

世界各地都曾观测到过地震引起的原油(图2.26)或天然气溢出(图2.27)(Hornafius et al., 1999; MacDonald et al., 2000; Ivanov et al., 2007; Mazurenko、Soloviev, 2003)，美国加州海岸带广泛分布的原油或天然气溢出点(http://walrus.wr.usgs.gov/seeps/index.html)，据信这些溢出很多和地震活动有关。许多泥火山伴有油气的溢出(Tinivella、Giustiniani, 2012)(图2.27)。

表2.1 地震引起的油井产量变化

文献	油气田位置	震级	油气田处的地震烈度	距震中/km	地震影响特征	影响持续时长
Steinbrugge、Moran(1954)	美国加州Kern	7.6	8～11	80	产量既有上升也有下降，套管压力升高	
Smirnova(1968)	Cudermes油气田；高加索东北地区	3.5与4 4.5与4	5～7.5	10～15 10～15	石油产量增加，断层处的增加程度最大	不到一个月
Voytov等(1972)；Osika(1981)	达吉斯坦和北高加索多个油气田	6.5	4～7	50～300	石油产量增加或大幅变化；枯井恢复生产；产量变化与断层激活有关	数月至3年
Osika(1981)	高加索北部Anapa	5.5	3～5	100	部分井的石油产量增加；储层压力增加	
Simkin、Lopukhov(1989)	高加索北部地区Starogrozenenskoye油气田	4.8	6	30	石油产量增加了45%	

引自：Beresnev、Johnson(1994)

图 2.26　1994年美国加州 Northridge 地震后 Ojai 油田出现的原油溢出[①]

资料来源：网络

图 2.27　意大利地震诱发的泥火山中的天然气（左）与地震引起的天然气溢出（右）[①]

① http://www.conservation.ca.gov/dog/kids_teachers/seeps/seep1/Pages/photo_01.aspx

② http://roma2.rm.ingv.it/it/tematiche/29/petrolio_e_gas_naturale/21/seep

第 3 章　龙门山地震的构造效应及其成藏效应

油气成藏和构造形变有很大的关系。最主要的油气藏类型是背斜型的油气藏。而断裂既是最重要的油气运移通道，也是破坏油气藏的主要因素。自然界的地质构造现象非常复杂。一般认为，这些构造是在漫长的地质历史演化过程中逐渐形成的，2008 年 5 月 12 日，龙门山中北段发生 Mw 7.9 级地震(汶川地震)。地震在造成巨大的人员伤亡与财产损失的同时，形成了大规模的同震破裂。这表明，构造形变是渐变与突变相结合的产物。研究地震引起的构造突变，对分析油气成藏机制具有重要意义。

3.1　龙门山构造带

龙门山北起广元，南至天全，长约 500km，宽 30～50km，是青藏高原的东缘边界山脉，也是我国南北构造带最重要的一段。龙门山前陆盆地(最先多称为川西坳陷)是我国重要的含气盆地之一。对龙门山的研究可追溯到 1929 年赵亚曾对彭县(今彭州市)飞来峰构造和龙门山深大断裂的研究。汶川地震后，国内外对成门山地层构造，特别是其形成演化进行了更全面深入的研究。

龙门山的形成演化与四川盆地密切相关。四川盆地大体以龙泉山和华蓉山为界，分为川西坳陷、川中隆起和川东褶皱带三部分。和龙门山形成演化直接相关的是四川盆地的川西坳陷，即龙门山前陆盆地。“前陆盆地”有特定的形成机制含义。称“川西坳陷”为“川西前陆盆地”隐含假定其形成与龙门山的隆升有关。龙门山-四川盆地盆山系统实际主要指龙门山和川西前陆盆地构成的盆山系统。在山-盆地质系统的演化中，起主导作用的是山脉的隆升，因此称“盆山系统”为“山盆系统”可能更恰当。

龙门山构造带从北西向南东，即从青藏高原向四川盆地(图 3.1)，可分为松潘-甘孜地块(Ⅰ)、龙门山冲断带(Ⅱ)和川西前陆盆地(Ⅲ)。其中，龙门山冲断带又可分为后龙门山带($Ⅱ_1$)、前龙门山带($Ⅱ_2$)；川西前陆盆地又可分为山前变形带($Ⅲ_1$)和陆坡带($Ⅲ_2$)。山前变形带也有学者将其归为龙门山的前陆扩展变形带。龙门山后山带与前山带以映秀-北川断裂相隔，前山带与前陆扩展变形带(川西前陆盆地)以灌县-江油断裂(早先一般称为彭灌断裂)相隔。映秀-北川断裂又称中央断裂带，可能是龙门山延深最大的断裂，也是汶川地震同震破裂规模最大的断裂。灌县-江油断裂又称前山断裂，是龙门山和川西前陆盆地的边界断裂。后山带西以汶川—茂县断裂与松潘—甘孜地块相隔。松潘—甘孜地块属于青藏高原，有人认为它是一个褶皱带。山前变形带是龙门山的前陆扩展变形带，东以广元—大邑隐伏断裂为界。龙门山从后山带向前山带至前陆扩展变形带，变形强度依次递减、卷入层位依次变新(刘树根等，2009)。

许多学者研究过龙门山和川西前陆盆地的地层构造及形成演化，著述甚多。据刘树根等(2009)的研究，龙门山具有倾向分带、走向分段、垂向分层、演化分期的特点(图3.1)。在垂向上，龙门山构造带发育多层次滑脱构造。主要的滑脱层为中地壳低速层和中下三叠统富膏盐岩层。地壳低速层只存在龙门山西侧的松潘—甘孜地块，深度范围约为15～20km。龙门山东侧四川盆地没有发现壳内低速层。龙门山构造带不同深度层次的推滑构造的变形样式与幅度不一致，浅层存在多重推覆，如龙深1井钻遇的晚三叠统地层存在多达6次的重复。在形成演化上，沿倾向，从青藏高原向四川盆地表现为前展式扩展；在走向上，呈分段递进演化趋势。印支期龙门山中北段活动较强，并由北东向南西逐渐扩展，构造变形以挤压逆冲和左旋走滑为主；燕山期，构造活动总体较为平静；喜马拉雅期，龙门山中南段活动较强，并由南西向北东逐渐扩展，构造变形以挤压逆冲、隆升和右旋走滑作用为主。

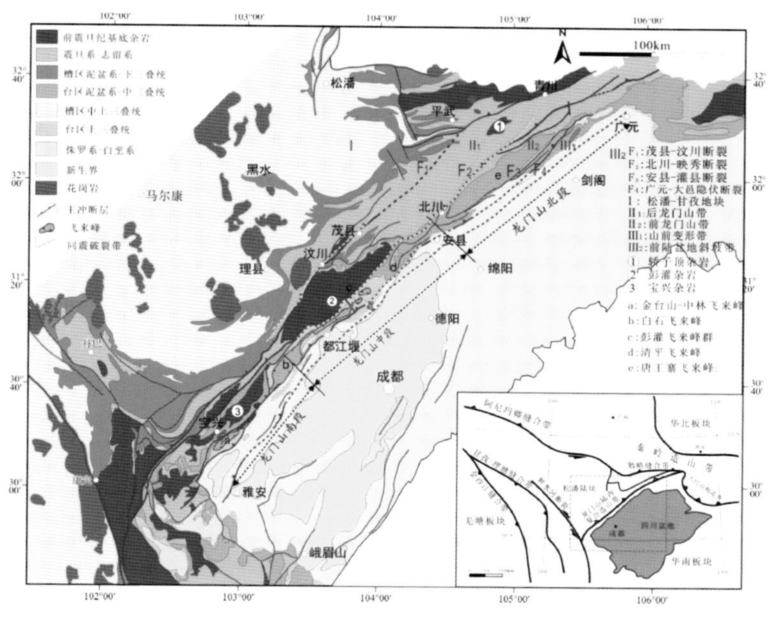

图3.1　龙门山构造带地质简图及构造分区

注：Ⅰ：松潘-甘孜地块，Ⅱ龙门山造山带(Ⅱ₁：后龙门山带；Ⅱ₂：前龙门山带)；Ⅲ：川西前陆盆地(Ⅲ₁：山前变形带；Ⅲ₂：陆坡带)；黄色点线为汶川地震的同震破裂带。

资料来源：曹俊兴等(2009)

龙门山出露的最新的地层是晚三叠陆相地层，大面积出露有前震旦纪杂岩，其中以彭灌杂岩规模最大。龙门山发育有许多规模大小不一的滑覆体或称飞来峰。飞来峰岩石主要是石炭二叠灰岩，就位时间主要是在喜马拉雅期(吴山，2008)，并可延续至中新世之后。龙门山前陆盆地(川西坳陷)发育的沉积地层主要有震旦系、寒武系、二叠系、三叠系、侏罗系、白垩系地层等，其中中三叠统及以下为海相地层，岩性以碳酸盐岩为主；上三叠统及以上为陆相碎屑岩沉积。龙门山前陆盆地的地层以三叠纪为最厚，最厚可达 4600m。

川西坳陷寒武系在多数地方只有很薄的下寒武统地层，其上直接与二叠系地层不整合接触，说明从中寒武世开始，至二叠系，川西前陆盆地区有相当长的一段时间(250～300Ma)为遭受剥蚀的陆地。一般认为，龙门山地区自中－新元古代由晋宁运动和澄江运动形成统一基底以来，在显生宙期间经历了两大发展阶段，即震旦纪至晚三叠世卡尼期以拉张背景为主的被动大陆边缘阶段与晚三叠世诺利期至今以挤压背景为主的冲断隆升和前陆盆地阶段(罗志立等，1988；1992)。但从寒武与二叠之间长时间的地层缺失来看，在前一个大的阶段，可能存在一个较长时段的隆起。

川西坳陷广元－大邑隐伏断层以西，地层构造受龙门山隆起与冲断构造控制，变形较强；该断层以东，龙泉山断层以西，地层总体呈单斜状(图 3.2)。

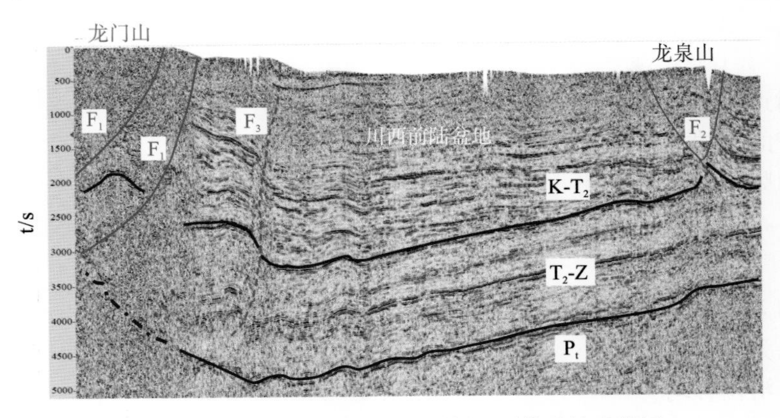

图 3.2　川西前陆盆地反射地震剖面图像及构造简图

注：F1 标示彭灌断裂带(彭灌断裂是一个断裂带，由很多断层组成)，F2 标示龙泉山断裂带，F3 标示广元－大邑隐伏断层；此处标示的只是大的断裂，小尺度的断层很多。

国内外学者利用人工深地震、天然地震、大地电磁、重磁等方法对龙门山的深部结构所做的探测均表明龙门山位于莫霍面的梯度带(朱介寿，2008)。龙门山两侧地块的深部结构存在显著差异，西侧松潘－甘孜地块的地壳厚度(莫霍面埋深)约 58km，在 15～30km 深度存在一个低速层；其东侧四川盆地的地壳厚度约 42km，地壳中没有低速层。龙门山两侧地壳厚度相差约 16km，莫霍面与地势起伏成镜像，但陡度远超过了龙门山地势的陡度。不同学者用不同方法估算的地壳厚度的差别一般在 2km，最大可达 5km。

龙门山三条断裂的最大延深约20km，北川－映秀断裂和江油－灌县断裂在深部汇聚在了一起。一般认为龙门山的三条断裂都是壳内脆性断裂带，但蔡学林等(2008)认为，龙门山发育壳幔韧性剪切带，其倾向与龙门山地表出露的三条断裂的倾向相反。

龙门山是一个活动的构造带，是我国南北地震带最重要的一段，历史上多次发生大的地震，2008年的汶川地震和2013年的芦山地震，都属于龙门山地震。据推算，龙门山自隆升以来的60Ma年间，大约发生了6000～1.2万次8级左右的大地震(Burchfiel，2008；张培震等，2008；曹俊兴等，2009)。

3.2 汶川地震的同震破裂

汶川地震在龙门山形成了大规模的同震破裂(图3.3)。地震后，中国地震局组织科考队对地表同震破裂情况进行了系统的调查(徐锡伟等，2008，2009；杨晓平等，2009)。调查表明，龙门山中央断裂(映秀－北川断裂)和前山断裂(灌县－江油断裂)都发生了同震破裂，形成了两条近于平行的叠瓦状地表破裂带(图3.1中黄色点线标示；图3.2)。此外，在小鱼洞还有一条连通前山断裂和中央断裂的次级同震破裂带。映秀－北川断裂是汶川地震的主破裂带，南起汶川县映秀镇西的麻柳村附近(103.36656°N，30.94472°N)，北至北川县红光乡东河口基岩崩塌体附近(32.40572°N，105.11081°E)，长约240±5km，整体走向N42°±5°E。该破裂带的南端接近中国地震台网中心和USGS测定的震中位置，同震破裂多呈多米诺骨牌状规则排列的张性裂缝；破裂带的运动性质为右旋走滑逆断层，可分为以逆冲推覆为主的虹口－清平段和同时兼有右旋走滑分量和逆冲运动分量的北川－石坝段。其中，虹口－清平段长118km，最大垂直位移6.2±0.5 m，平均垂直位移约3～4m之间，北川－石坝段长约122km，最大垂直位移6.5±0.5m(另有学者认为可达9.0±0.5m)，最大右旋走滑位移为4.9±0.2 m，平均垂直位移和右旋走滑位移均为2～3m。龙门山中央破裂带北端的走向在石坎乡以北发生了改变，由40°～50°变为约20°，与区域地质图上标示的中央断裂带的走向不一致。据李传友等(2009)的调查，认为中央断裂带北端此次发生同震破裂的断裂是一条晚第四纪以来多次活动的断裂，而区域地质图上标示的可能是一条早先的逆冲断裂。

灌县－江油断裂只在白鹿－汉旺一段发生了地表破裂，南起彭州通济镇东洞安村附近(31.1650278°N，103.852694°E)，北至安县桑枣镇川主寺一带(31.62850°N，104.37200°E)，长约72km，整体走向N45°±5°E。白鹿－汉旺破裂带为纯逆断层型破裂，最大垂直位移3.5±0.2 m，平均垂直位移介于1～2m。

小鱼洞破裂带的整体走向N50°±5°W，长约7km，最大左旋走滑位移和垂直位移均约3.5m。小鱼洞破裂带的走向与龙门山中央断裂带和前山断裂带接近垂直，位错旋向相反，但与鲜水河断裂带走向大体一致，旋向也相同，因此具有类似的形成机制，是印度板块俯冲驱动的松潘—甘孜地块东移动力作用的结果。

图 3.3　汶川地震的地表同震破裂

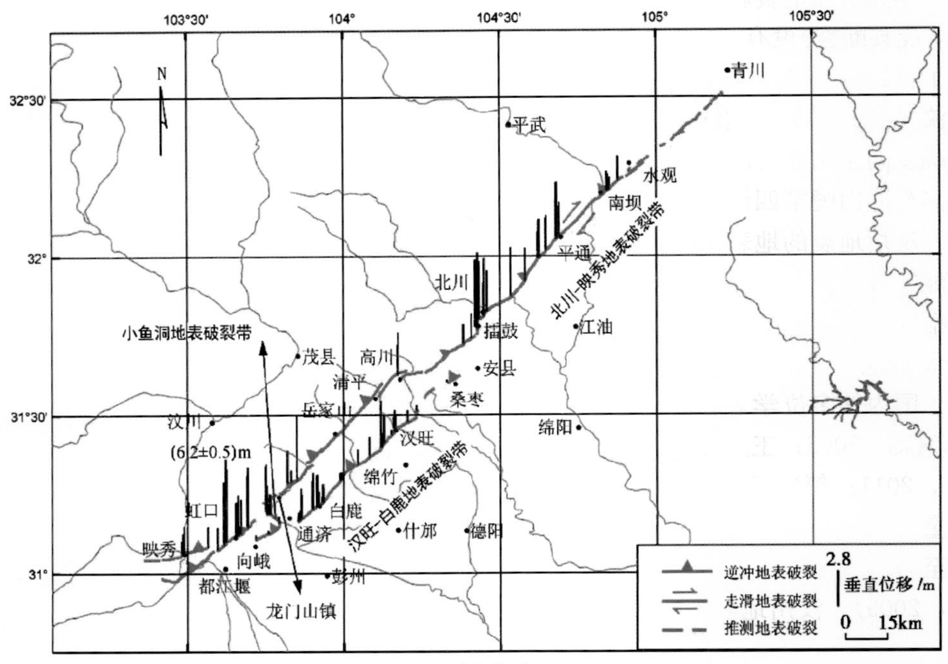

(a)垂直位移

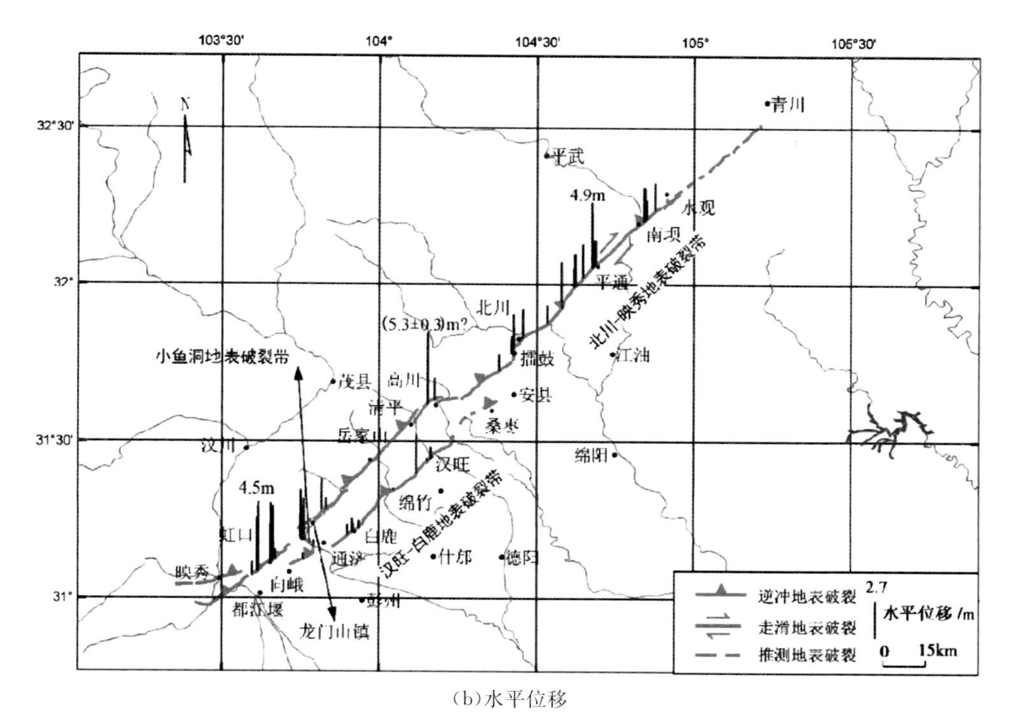

(b)水平位移

图 3.4　汶川地震的地表同震破裂带分布及其垂直位移和水平位移

资料来源：徐锡伟等(2008)

早先公布的资料，包括汶川地震科学考察报告，都认为龙门山后山断裂(汶川一茂县断裂)没有发生同震破裂。但据江娃利等(2009)的调查，后山断裂也出现了长约 100km、垂直位移为 0.2～2.5m 的同震破裂带。后山断裂的地表破裂带自汶川县卧龙镇鱼丝洞向北经耿达镇黄草坪，草坡乡金波村、漳排村和足湾村，绵虒乡高东山和岭岗，威州镇七盘沟走马坪，直至茂县凤仪镇甘清村和马良沟，大体沿后山晚第四纪活动断裂分布。

汶川地震的地表同震破裂带(包括后山破裂带)以黄色点线标示在图 3.1。同震破裂带的走向大体与相关断层一致，中央破裂带和后山破裂带的北端走向有一定幅度的北偏。龙门山各断层的同震破裂位错基本上都是既有垂直逆冲位移，也有水平走滑位移，是先逆冲后走滑还是先走滑后逆冲，抑或是斜冲。

国内外多位学者反演计算过汶川地震主要同震破裂面的地腹位错与延深(USGS，2008；王卫民等，2008；张勇等，2008；Shen et al.，2009；Wang et al.，2011；等)。不同学者反演计算的地腹位错量及分布有一定的差异，最大位错量从 10～14m 不等，但延深基本都在 20km 以上(图 3.5)，而川西沉积层的厚度至多不超过 15km，这意味着汶川地震的破裂面切穿了川西的沉积层(曹俊兴等，2009)。汶川地震的破裂面从结晶基底贯达了地表，因此是“通天断裂”。

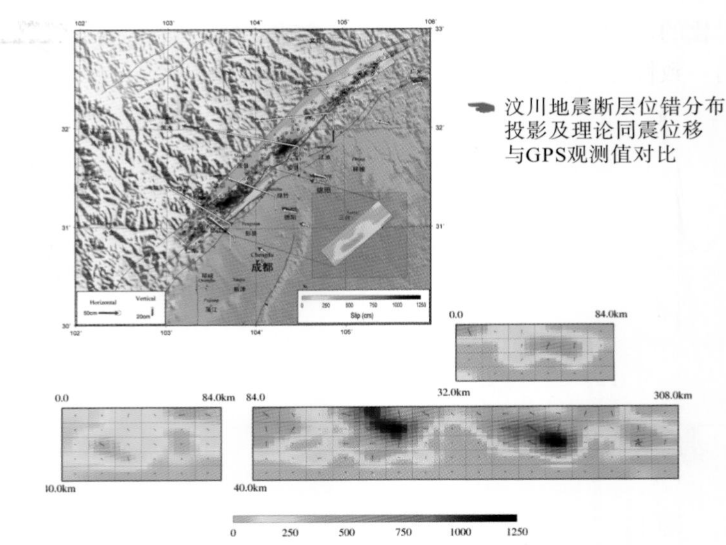

图 3.5 汶川地震的同震破裂带位移及延深

资料来源：王卫民等(2008)

3.3 汶川地震的地腹构造效应

汶川地震不只在龙门山形成了大规模的同震破裂，同时引起了较大范围的区域地壳位移与形变，龙门山断裂带西侧块体向东偏南运动，位移可达 20～70cm，抬升 0～470cm；东侧块体向西偏北运动，位移可达 20～238cm，东侧块体下沉达 30～70cm；陕西南部区域向西北方向运动，最大位移量达 4cm；甘肃陇南区域向东北运动，最大位移量达 5cm(国家重大科学工程“中国地壳运动观测网络”项目组，2008)。许多学者用 InSAR 和 GPS 约束的数值模拟方法研究过汶川地震引起的地表位移变形，证明汶川地震引致了同震破裂带两侧地块的相向运动；Wang Qi et al.，2011)，即地壳的缩短。地壳缩短，必然导致地腹地层发生褶曲甚至断裂变形。如果油气藏地层发生褶曲形变甚至断裂，必然引起油气藏中油气的二次运移。我们今天看到的地层褶皱以及大部分的断裂，可能是在历史地震中形成的。

长期以来，在地震地质研究中，关注的焦点主要是成震断裂。很少有学者研究地震引起的近场甚至中远场地腹构造变化。这很大程度上是受限于资料的限制：无法证明有或无。龙门山前陆盆地是我国重要的油气勘探区，基本实现了三维地震勘探的全覆盖，在一些地区进行了多轮地震勘探。如果能找到汶川地震前后的同线地震勘探剖面，通过对比，就有可能鉴别出汶川地震对川西地腹构造的影响。图 3.6 是龙门山前陆盆地中段部分地震测线部署示意图，图中的蓝色线标示在汶川地震前进行的 2D 地震勘探的测线，黄色区域为汶川地震后实施的 3D 地震勘探区，二者有一定的重合度。通过对比分析汶川地震前后的同线地震剖面，我们基本可以确定汶川地震在川西地腹是否引起了构造形变，及其形变特征。为确保对比的可靠性，作者团队对2D地震和3D地震进行了从静校、动校到偏移成像的一致性处理，即用相同的处理流程和参数进行了重新处理。

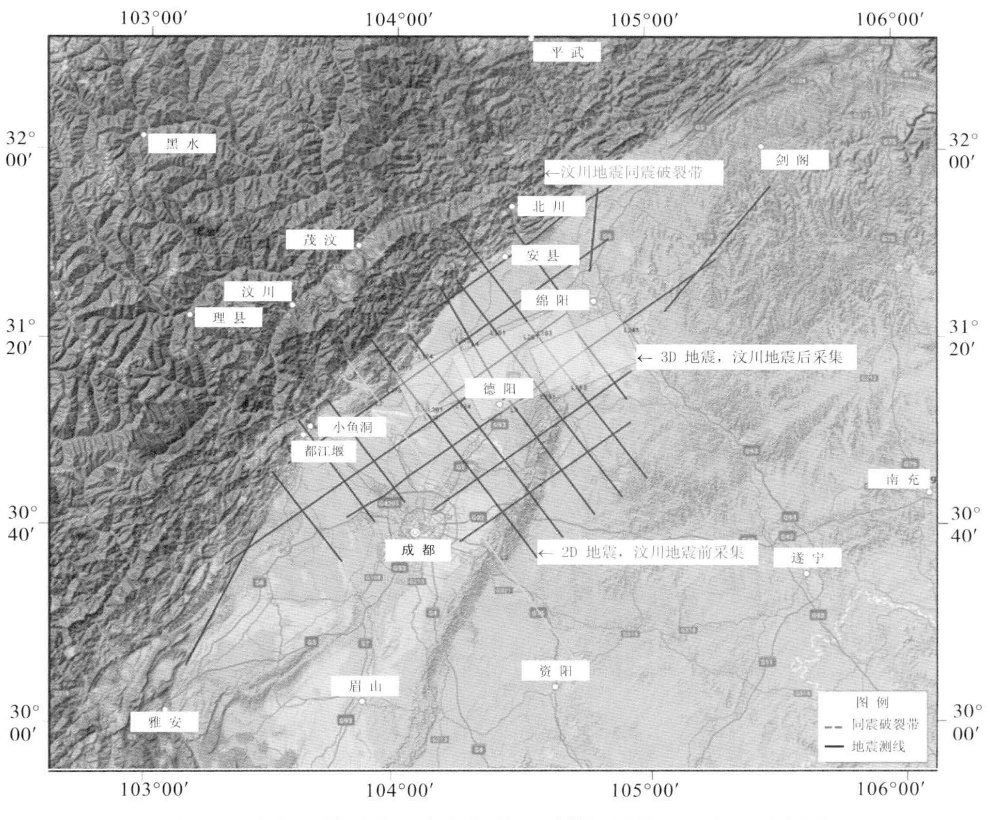

图3.6 龙门山前陆盆地中段部分地震勘探测线(区)布置示意图

通过对比汶川地震前后的同线地震剖面，我们鉴别出了汶川地震的一些地腹构造效应，见图3.7和图3.8。图3.7的上图为汶川地震前的2D地震剖面，采集于2006年，下图为同一位置汶川地震后的3D地震剖面，采集于2009年。对比图3.7上汶川地震前后的地震剖面可以看出，2D地震剖面上绿色点线圈示范围内有一个相对完整的背斜圈闭构造，但在3D地震剖面图上，相应位置的背斜圈闭为断裂破坏了。从2006年到2009年，只有3年的时间，缓变的断层错动不足以形成图显的构造变动与圈闭破坏，唯一的可能就是汶川地震在这里形成了同震地腹断裂。图3.8与图3.7类似，上图为汶川地震前采集的2D地震剖面，下图为汶川地震后在同一位置采集的3D地震剖面。与图3.7的构造变动不同，这个剖面上有一个圈闭的圈闭幅度增大了(黄色点线圈示的范围)。在地震后的剖面上，这个圈闭的幅度增加了约14ms(双程旅行时)，折合高度约为28～35m(这个深度的地层速度约为4000～5000m/s)，作为一次地震事件而言，这是一个巨大的形变。达到难以置信的程度。但如考虑到2013年9月24日巴基斯坦地震在距震中数百千米外的近海岸可以形成冒出海面的小岛(图 2.19)这一点来看，这又是可能的。以上两图表明，汶川地震在川西地腹形成了显著的构造形变。汶川地震的地腹构造响应既有破坏圈闭的断裂，也有形成圈闭的褶皱。二者对于油气成藏都是至关重要。

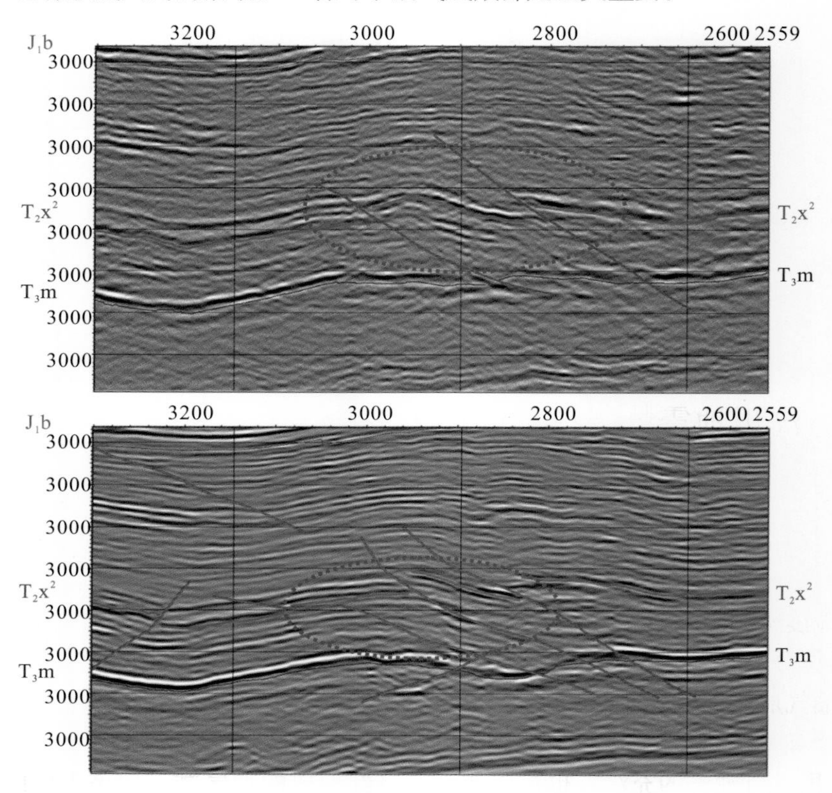

图 3.7　汶川地震引起的川西地腹构造变化

注：绿色点线圈内的圈闭被地震破坏。

大地震的地腹构造响应，我们在世界上是首次研究，也是首次获得直接的证据，证明大地震在近震区地腹会形成可观测的断裂与褶皱形变。

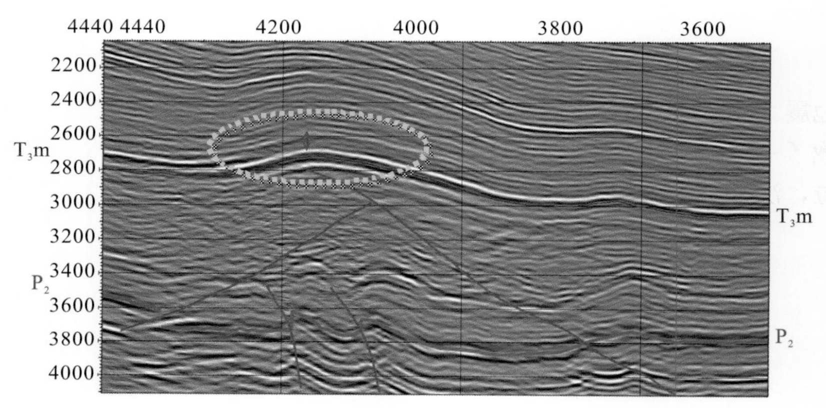

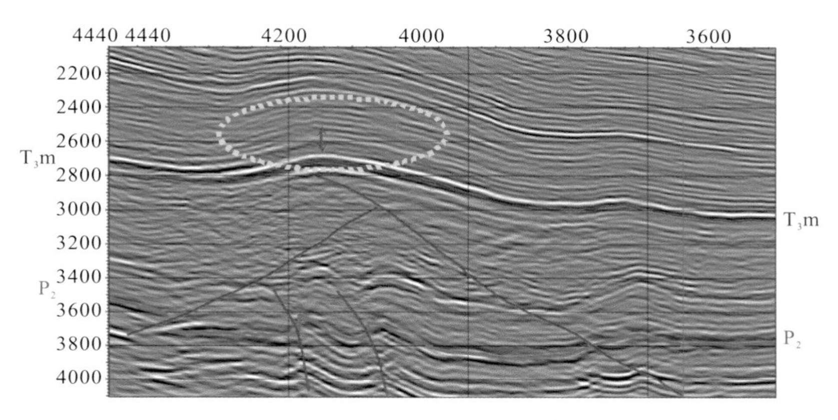

图 3.8　汶川地震引起的川西地腹构造变化

注：黄色点线圈内的圈闭幅度在地震后增大。

3.4　汶川地震构造形变的成藏效应

图 3.7 和图 3.8 表明，汶川地震在川西地腹的断裂作用会破坏圈闭，引起油气藏的破坏和油气散失；而褶皱作用又会形成新的圈闭，为油气汇聚成藏提供场所。汶川地震的地腹构造效应既有破坏油气藏的作用，也有助益油气成藏的作用。地震构造形变对油气成藏的具体效应，是破坏还是建设，需要具体构造(部位)具体分析。

油气成藏的必要条件的是有由不渗透层封堵的高孔隙度储集岩。有储集岩，有封堵条件，如果没有油气的充注，不可能成藏；有储集岩，无封堵条件(盖层)，即使有油气的充注，也难以成藏；已经形成的油气藏，如果盖层的封堵条件破坏，已经聚集起来的油气也会再次运移散失。汶川地震的主破裂面长达 270km(地表 240km)，延深达 30～40km(图 3.5)，“通天”的同震破裂足以破坏任何断层切过的油气藏的封堵条件，导致油气藏因保存条件的破坏而遭破坏。

汶川地震后发生了数万次余震，余震分布在一个长约 300km，宽约 15～30km 的带状范围内(图 3.9)。在汶川地震后一年半的时间内，余震中震级在 4.0 级及以上的余震有 323 次，最大余震震级为 Ms 6.4。4 级及以上余震基本都属于构造地震。凡构造地震震源都发生了破裂。由此我们可以推断，汶川地震及其余震形成了一个长约 300km，宽约 15～30km 的破裂带。根据我们和其他多位学者的定位，汶川地震主震余震的震中集中在 5～24km 范围内(黄媛等，2008；朱艾斓等，2008；陈九辉等，2009；刘巧霞等，2009；Wang Qi et al.，2011)，以 10km 左右居多。

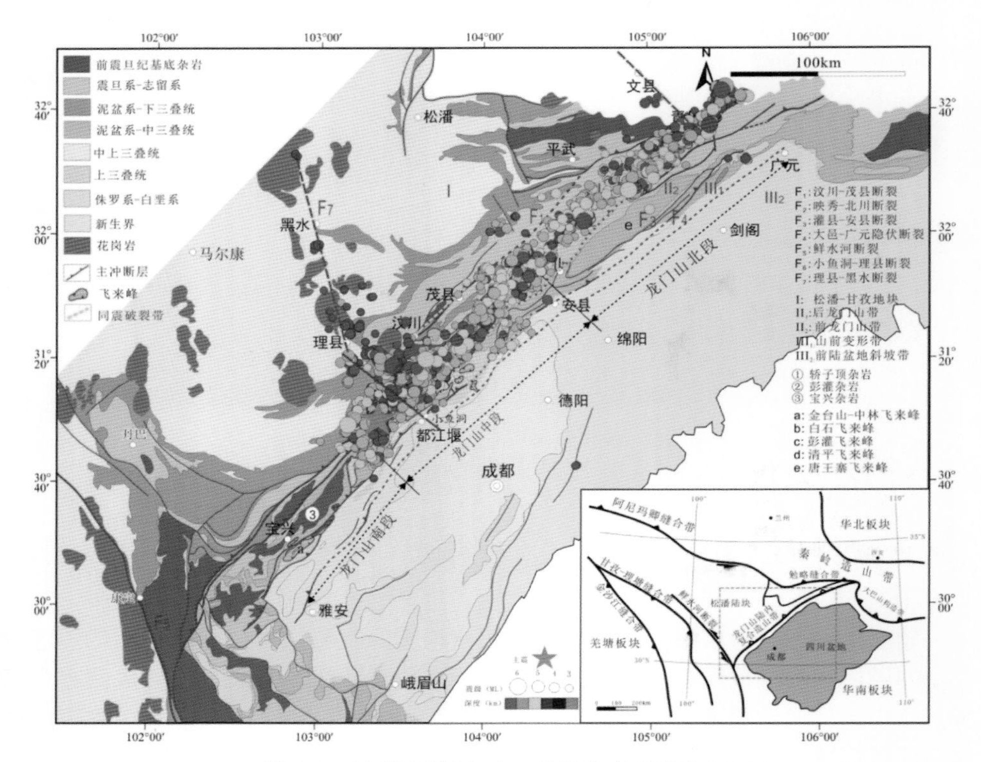

图 3.9　汶川地震 Ms 4.0 及以上余震的分布

余震的震级较小(最大为 6.4 级)，震源破裂局限在地腹，没有贯达到地表。这是余震震源破裂和主震破裂的主要差别震。但余震破裂的分布范围很广。因此，地腹余震破裂对包括油气在内的地下流体的一场运移会有重大的影响。

实际上，即使在成都平原，在一般认为没有地震发生的地方，每年都有大量微小地震的发生，只是因为震级太小，我们没有感觉到。图 3.10 展示的是 1999 年至汶川地震前川西及邻近地区的地震事件分布(曹俊兴等，2009)，从该图可以看出，在这期间(约 10 年的时间)，龙门山前陆盆地(川西坳陷)实际上是有许多小的地震发生。这些地震的震级很小，我们没有感觉到，但如发生在油气藏的储层或盖层，则会对油气的保存和二次运移会有很大的影响。

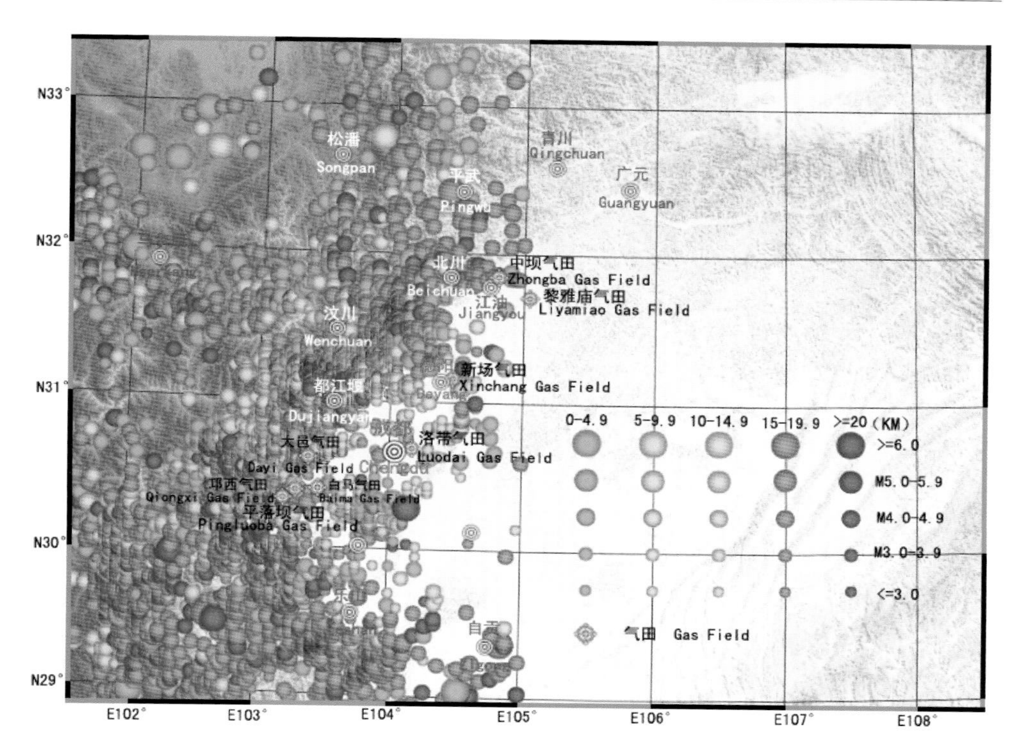

图3.10　1999年至汶川地震前川西及邻近地区的地震事件

资料来源：曹俊兴等(2009)

凡构造地震，震源必有岩石破裂发生。岩石破裂是导致地下流体(包括油气)发生异常运移的关键因素。岩石的破裂规模在很大程度上决定了地下流体异常迁移可能的范围与规模。一般来讲，地震的震级越大，震源破裂规模越大。2008年汶川地震(Mw 7.9级)的地表同震破裂带累计长度超过了300km，但2013年同样发生在龙门山的芦山地震(Mw 6.6级)在地表没有观测到确定的表同震破裂。绝大多数中小地震的震源破裂只发生在地腹，极少延伸到地表。使得估计这些地震的震源破裂规模(破裂带的长度或面积，断层两盘的错动距离等)成为一件困难的事情，所能作的主要是根据地震的震级推算震源的破裂规模。地震震级和震源破裂规模之间的关系比较复杂；或者说，影响震源破裂规模的因素较多，如断层的属性、埋深、岩性等。许多学者统计研究过地震震级和震源破裂规模之间的关系(Tocher，1958；Bäth、Duda，1964；Max et al.，1968；Acharya，1979；卓钰如，1984；陈达生，1984；Wells、Coppersmith，1994；Wang、Tao，2003；等)，建立了若干半经验统计关系式。而引用较多的是Wells、Coppersmith(1994)：

· 震级(Mag)和破裂面积(S/km^2)的关系：

$$Mag=4.07+0.98\log(S)\text{(各类断层)}$$

$\mathrm{Mag}=3.98+1.02\log(S)$（走滑断层）

$\mathrm{Mag}=4.33+0.90\log(S)$（逆断层）

$\mathrm{Mag}=3.93+1.02\log(S)$（正断层）

（以上四种情况下的震级误差可分别达到 0.24，0.23，0.25，0.25）

$S=10^{(-3.49+0.91\times\mathrm{Mag})}$（各类断层）

$S=10^{(-3.42+0.90\times\mathrm{Mag})}$（走滑断层）

$S=10^{(-3.99+0.98\times\mathrm{Mag})}$（逆断层）

$S=10^{(-2.87+0.82\times\mathrm{Mag})}$（正断层）

（以上四种情况下破裂面积对数的误差可分别达到 0.24，0.22，0.26，0.22）

· 震级（Mag）和破裂长度（L/km）的关系

$\mathrm{Mag}=5.08+1.16\log(L)$（各类断层）

$\mathrm{Mag}=5.16+1.12\log(L)$（走滑断层）

$\mathrm{Mag}=5.00+1.22\log(L)$（逆断层）

$\mathrm{Mag}=4.86+1.32\log(L)$（正断层）

（以上四种情况下的震级误差可分别达到 0.28，0.28，0.28，0.34）

$L=10^{(-3.22+0.69\times\mathrm{Mag})}$（各类断层）

$L=10^{(-3.55+0.74\times\mathrm{Mag})}$（走滑断层）

$L=10^{(-2.86+0.63\times\mathrm{Mag})}$（逆断层）

$L=10^{(-2.01+0.50\times\mathrm{Mag})}$（正断层）

（以上四种情况下破裂长度对数的误差可分别达到 0.24，0.22，0.26，0.22）

建立这些关系式的样本都是较大的地震，至少都是 5 级以上。小地震是否适用，以及误差有多大，目前尚无法确定。假设这些关系式可以推广到小地震情况，那么 1、2、3 级地震可能的震源破裂长度约为 3m、14.5m 和 70.8m。10m 量级的破裂，就有可能切开多数油气藏的盖层。也就是说，地震会破坏油气的保存条件。图 3.11 展示的是汶川地震 4 级以上余震震源位置在垂直龙门山剖面的投影。从该图可以看出，余震震源分布在龙门山前山断裂（彭县－江油断裂）上盘及以西，也即龙门山。类似于汶川地震这样的大地震，在龙门山的地质历史上应该发生过多次。据此，完全有理由相信，龙门山的油气藏，可能在历史地震中已经被破坏殆尽。这可能正是龙深 1 井有圈闭无油气的原因。

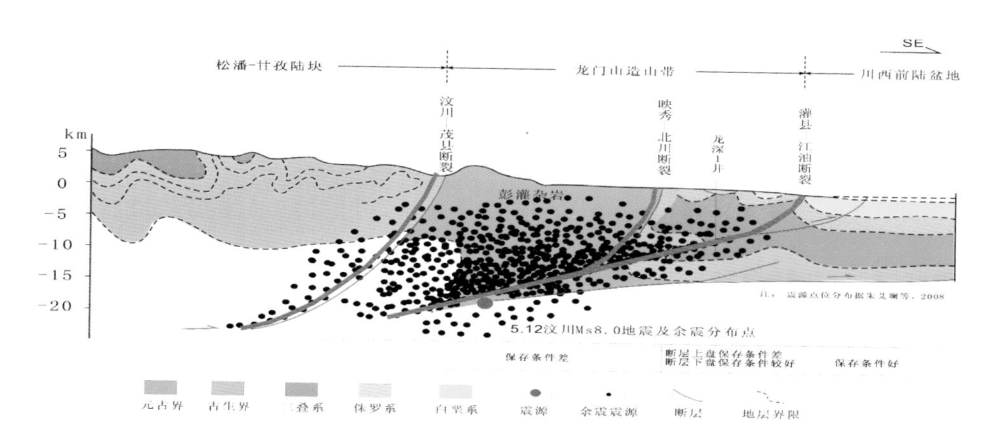

图3.11　汶川地震4级以上余震震源位置在垂直龙门山剖面的投影

龙深1井是中国石化部署在龙门山中段前缘大园包构造(图3.12)，以海相天然气勘探为目标的一口深探井，2007年完钻，钻深7169米，未获油气。据研究和测试，龙深1井钻遇的上三叠须家河组合组和中三叠雷口坡组等地层有烃源、有储层、有圈闭(图3.13)，但无油气。这一问题困惑了包括作者在内的相关研究人员很长一段时间。汶川地震后，我们意识到，大园包构造的油气在历史地震中散失了。从图3.12可以看出，龙深1井位于龙门山前山断裂(灌县—江油断裂)上盘。从图3.11可以看出，龙门山前山断裂以西(断层上盘)，有密集的余震震源分布，预料在龙门山的历史地震中也曾发生过类似的情况。由此我们推测，大园包构造圈闭中的油气，可能在龙门山的历史地震中散失了。进一步，我们推测，龙门山的油气藏，可能都在历史地震中被破坏了。

图3.12　龙深1井地理位置图

注：图中红色线标示龙门山的主要断裂，黄色线标示汶川地震的地表破裂带；底图截自Google Earth卫星影像图；龙深1井位于龙门山前山断裂盘。

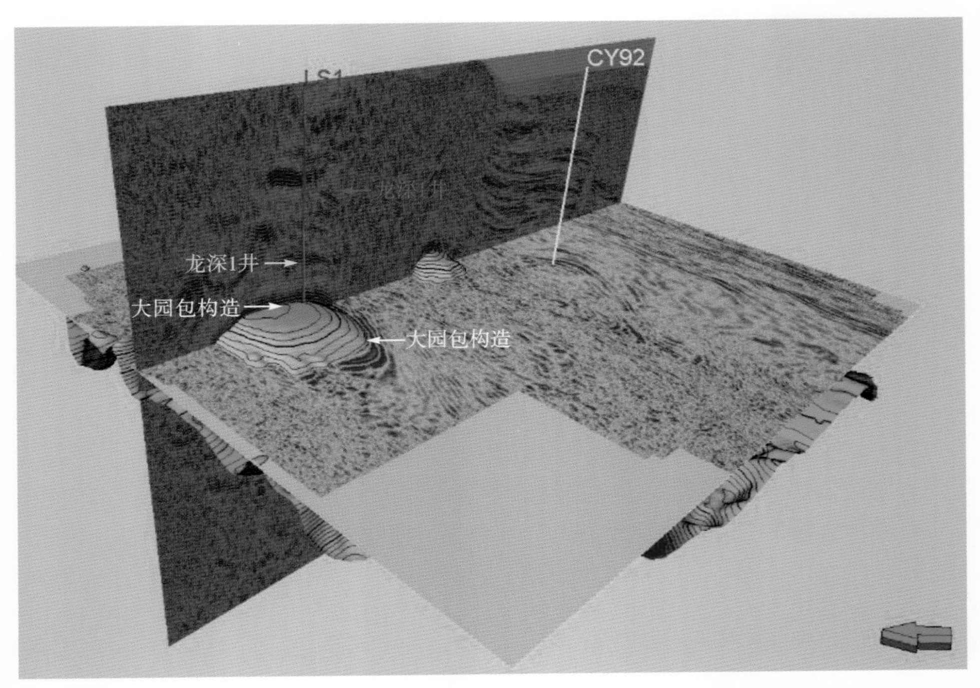

(a)大园包构造的三维地震图像纵横切片，显示存在一个穹隆状圈闭

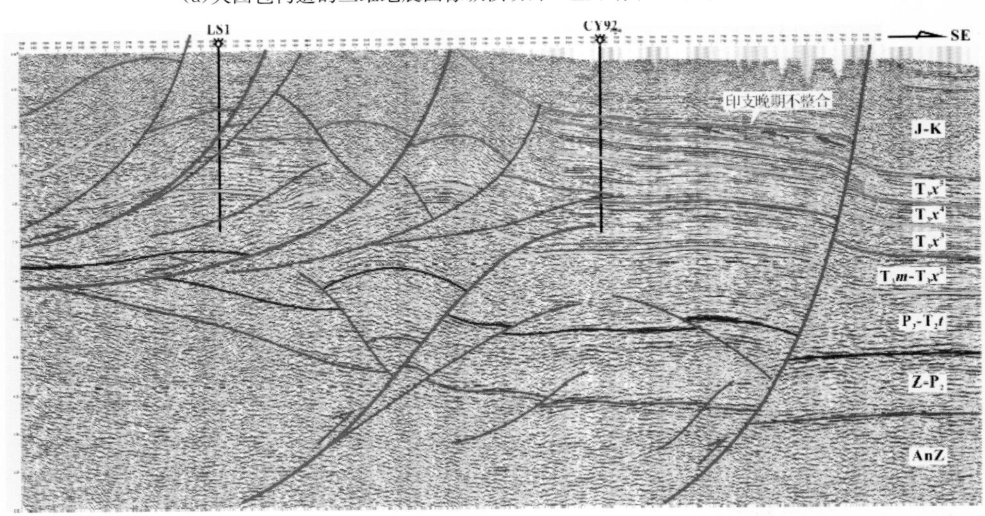

(b)龙门山中段前缘过大园包构造剖面地震图像，LS标示龙深1井

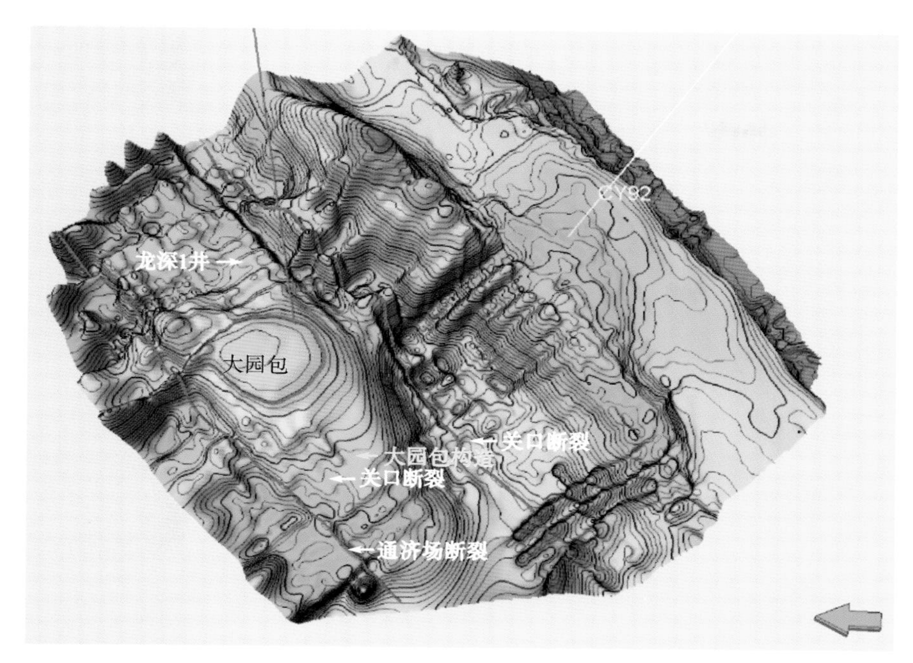

(c)大园包构造雷口坡组顶面起伏图像，显示大园包构造被两条断层所夹持，这两条断裂是龙门山前山断裂(在此处称为关口断裂)的两个分支

图 3.13　龙深 1 井勘探目标大园包构造的圈闭结构及其与断层的关系

3.5　汶川地震地腹断裂的油气成藏效应

油气是赋存在岩石孔隙中的流体。断裂是油气运移的主要通道。汶川地震在地腹形成的断裂，会成为包括油气在内的流体快速运移的通道。

岩石孔隙流体的变化会引起地震波反射振幅的变化。通过对比地震前后地震剖面的能量变化，结合构造分析，有可能追寻到地震引起油气迁移的证据。

图 3.14 展示的是龙门山前陆盆地中段地腹一近似垂直龙门山的剖面在汶川地震前后获得的地震图像的对比图。图 3.14(a)是在汶川地震前获得的二维地震剖面图像，图 3.14(b)是在汶川地震后获得的三维地震图像的二维同线剖面切片。为确保可对比性，对二维地震数据和三维地震数据进行了一致性处理。对比分析图 3.14 所示的汶川地震前后同一剖面的地震图像可以看出，在红色箭头所标示的位置，存在一个流体运移通道(Seal bypass)(Cartwright et al.，2007)，并可在黄色点线圈示的范围内隐约看到流体（天然气）迁移形成的气晕(Cartwright et al.，2007)。因为在为汶川地震前的地震图像上［图 3.14(a)］］，在相同位置没有类似的线状构造，而线状构造两侧地震同相轴不存在显著的错断，因此推断，这一构造是地震后出现的流体迁移通道。对比图 3.14(a)和(b)上绿色

箭头所指位置的地震同相轴同时可以看出，地震后，地层面的起伏明显加大，即地层发生了褶曲形变。

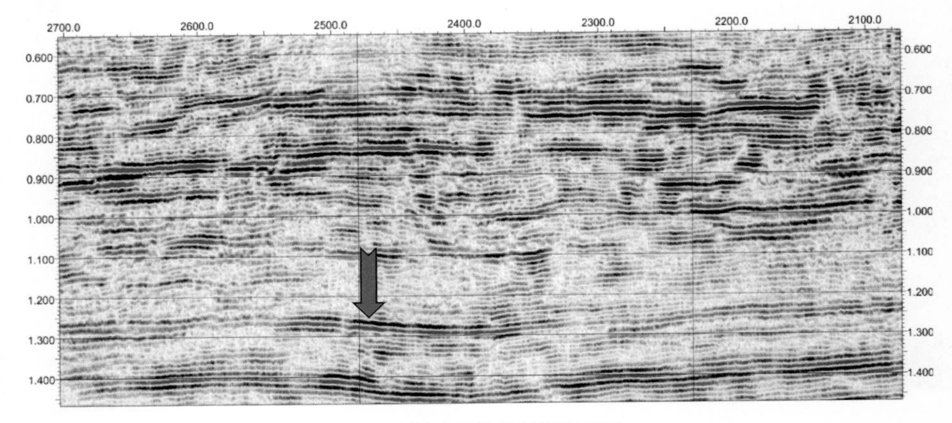

(a)汶川地震前地震图像(2D)

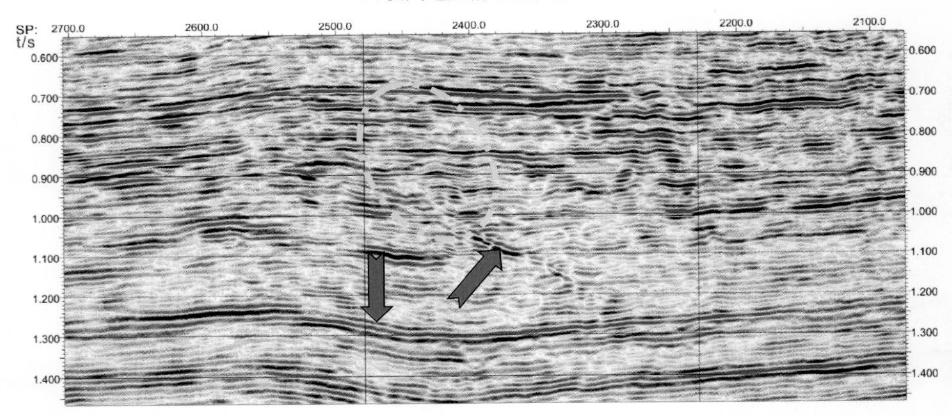

(b)汶川地震后地震图像(3D 切片)

图 3.14　龙门山前陆盆地地腹一剖面汶川地震前后地震图像对比及流体运移通道

图 3.15 所展示的是龙门山前陆盆地中段地腹另一条近似垂直龙门山的剖面在汶川地震前后获得的地震剖面的瞬时振幅对比局部放大图。汶川地震前地震剖面［图 3.15(a)］①位没有明显的强振幅带，但在汶川地震后的地震剖面上［图 3.15(b)］，在对应位置出现了强振幅带，推测为地震后新形成的孔隙流体增加区带的响应。图 3.15 所示汶川地震前地震图像的数据采集时间是 2006 年，汶川地震后地震图像的数据采集时间是 2009 年，前后相隔 3 年。在这期间，地下岩石的岩性不大可能发生显著变化，那么，唯一能引起岩石物性显著变化的可能原因就是岩石孔隙流体饱和度的变化。也即是说，汶川地震引起了龙门山前陆盆地地腹岩石流体的显著迁移。事实上，对比图 3.15(a)、图 3.15(b)，可以大致追踪出流体的迁移路径，即从左下方红色点线圈示范围沿黄色点线所示路径迁移到了

右上角红色点线圈示范围。

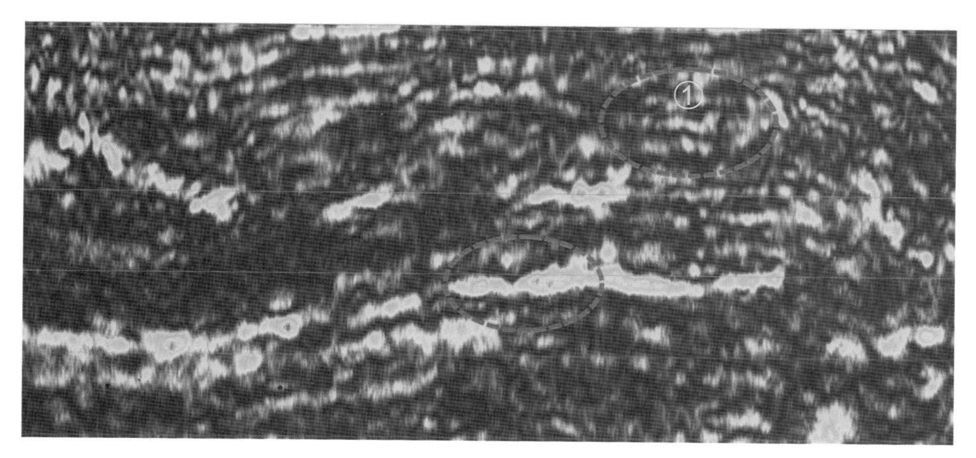

(a)汶川地震前地震剖面的瞬时振幅图像(2D)

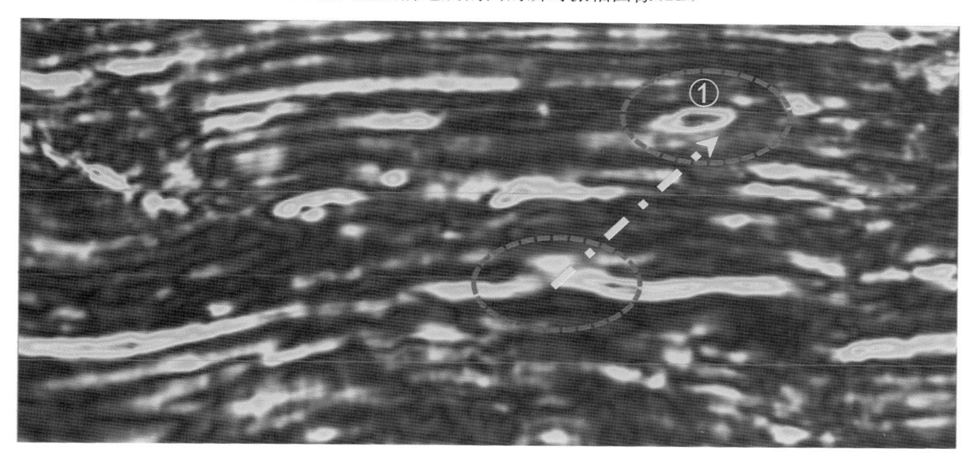

瞬时振幅强度

(b)汶川地震后地震剖面的瞬时振幅图像(3D 切片)

图 3.15　龙门山前陆盆地地腹一剖面汶川地震前后地震剖面瞬时振幅对比图

注：在汶川地震后剖面上，在“①”位置出现了强反射，推测为汶川地震后形成的孔隙流体充注体。

图 3.16 所展示的是龙门山前陆盆地中段地腹另一条近似垂直龙门山的剖面在汶川地震前后获得的地震剖面的瞬时振幅对比局部放大图。对比图 3.16 的(a)、(b)两图可以看出：在汶川地震前的地震剖面上［图 3.16(a)］，在①、②位置没有明显的强振幅体，但汶川地震后的剖面上［图 3.16(b)］，在对应位置出现了强振幅体，推测为汶川地震后新形成的孔隙流体充注体。

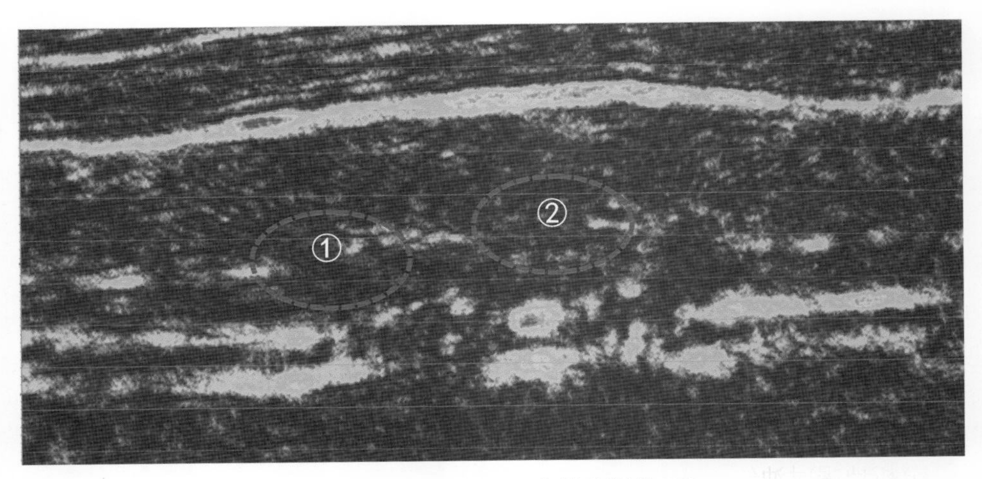

(a)汶川地震前地震剖面的瞬时振幅图像(2D)

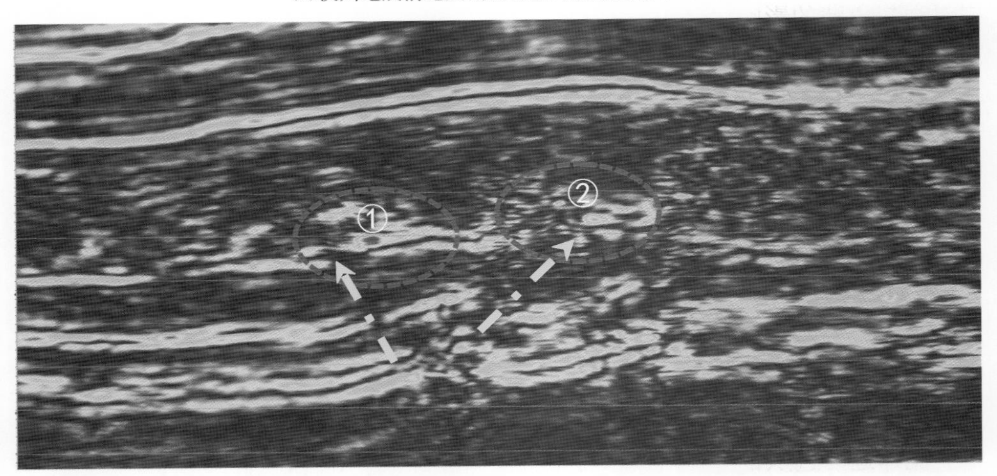

(b)汶川地震后地震剖面的瞬时振幅图像(3D 切片)

图 3.16　龙门山前陆盆地地腹一剖面汶川地震前后地震剖面瞬时振幅对比图

注：在汶川地震后剖面上，在①、②位置出现了强反射，推测为汶川地震后形成的孔隙流体充注体。

综合以上资料，我们认为，汶川地震在龙门山前陆盆地腹的断裂成为了流体迁移的通道，并实际引起了显著的流体自深部向浅部的迁移。油气是赋存在地下岩石孔隙中流体。汶川地震能引起龙门山前陆盆地地腹岩石孔隙流体的迁移，自然能引起龙门山前陆盆地地腹岩石孔隙中油气的运移。事实上，图 3.13 至图 3.15 所反映的流体迁移，既可能是地下水，也可能是油气，或者是地下水与油气的混合物，而且，如果在地下水与天然气同时迁移的话，天然气的迁移速率会更大。

第 4 章　震控成藏——地震控制的油气运移与聚散

汶川地震以及国内外的案例都表明，地震会导致地下流体的异常迁移，自然也会导致油气的异常迁移。断层是历史地震的记录。大大小小广泛分布的断层表明，地震在地质历史上是频繁发生的。油气藏和断层的密切共生关系表明，地震在油气的运移聚集成藏中可能发挥了至关重要的作用，可能存在地震控制的油气运移聚集成藏机制。

分析地震对油气运移的影响，需要从地震影响地下流体运移的机制入手。地震对油气成藏的影响，既可能是建设性的，也可能是破坏性的。大地震的影响范围很大，地震对极震区和近震区油气运移聚散的影响可能会有不同。

油气运移成藏，一般认为是一个缓慢的演化过程。地震是一个突变事件。地震控制的油气运移成藏是一个突变性的演化过程。

4.1　地震影响地下流体迁移的机制

地下流体的迁移速率，由两个主要的因素决定：岩石的渗透率和孔隙流体的压力差。岩石的渗透性主要由其孔隙结构所决定，孔隙流体的压力差主要由孔隙的封堵条件所决定。岩石的孔隙结构千差万别，其渗透性难以用单一的物理或数理模型来描述。

流体运动遵从的基本物理规律可用 Navier-Stokes 方程(纳维－斯托克斯方程)来描述[式(4.1)]。

$$\rho\left(\frac{\partial v}{\partial t}+v\cdot\nabla v\right)=-\nabla p+\nabla\cdot T+f \tag{4.1}$$

式中，v 是流体的流速，ρ 是流体的密度，p 是压力，T 是总应力张量，f 是作用在单位体积流体上的体力，∇是散度算子。

式(4.1)是在动量守恒的假设条件下，从牛顿第二定律导出的，也称为柯西动量方程(Cauchy momentum equation)。引入物质导数(material derivative)，式(4.1)可以改写为：

$$\rho\frac{Dv}{Dt}=-\nabla p+\nabla\cdot T+f \tag{4.2}$$

式(4.2)左端描述的是加速度项，右端是有效体力(如重力)和应力散度(压力和剪切应力)的和。

式(4.1)或式(4.2)实际上很复杂，在一些简约化的假设条件下，能获得较为简单的表达式。在岩石渗流力学领域，迄今使用最广，最为重要的仍是1856年达西(Darcy)提出的经验性公式：

$$V=\frac{kA(P_i-P_o)}{\mu L} \tag{4.3}$$

式中，V为流速(cm^3/s或m^3/s)，P_o为出口处的流体压力($dynes/cm^2$或帕)，P_i为入口流体压力($dynes/cm^2$或帕)，μ为流体的达西粘滞系数(Poise或Pa. s)，L为样品柱长度(cm或m)，k为渗透率[D(Darcy；达西)]，A为样品柱截面积(cm^2或m^2)。

从式(4.3)可以看出，对于给定样品，影响渗透率的因素有三个：流体的粘度，岩石的渗透率和流体的压力差，其中变化最大的是渗透率。岩石的渗透率，因微观结构的不同，会有很大的变化。表4.1所列为一些常见岩石结构的渗透率表达式。从表4.1可以看出岩石的渗透率和其结构有绝大的关系。对于实际岩石渗透率估算，存在两个困难：一是并不知道地下岩石的微观结构类型，二是岩石的是岩石的微观结构是变化的，且常是复合的(如孔隙与裂隙的复合)。而对于油气运移成藏，如果迁移路径较长，渗透性则是一个综合的长程体效应。

表4.1　渗透率表达式(引自*Petrophysics MSc Course Notes*，*Paul Glover*)

名称	公式	参量物理含义
溶沟	$k=0.2\times10^8\times d^2$	k=渗透率(D) d=沟渠直径(英尺)
裂缝	$k=\frac{0.544\times10^8\times w^3}{h}$	k=渗透率(D) h=裂缝宽度(英尺) w=裂缝开度(英尺)
Wyllie-Rose公式I	$k=\left(\frac{100\phi^{2.25}}{S_{wt}}\right)^2$	k=渗透率(mD) ϕ=孔隙度(裂缝) S_{wi}=束缚水饱和度(裂缝)
Wyllie-Rose公式II	$k=\left(\frac{100\phi^2\ [1-S_{wt}]}{S_{wt}}\right)^2$	k=渗透率(mD) ϕ=孔隙度(裂缝) S_{wi}=束缚水饱和度(裂缝)
Timur公式	$k=\frac{0.136\phi^{4.4}}{s_{wt}^2}$	k=渗透率(mD) ϕ=孔隙度(%) S_{wi}=束缚水饱和度(%)
Morris-Biggs公式	$k=\frac{10.2d^2}{K_s}$	k=渗透率(mD) d=颗粒尺度中值(μm) K_s=充填校正系数；颗粒尺度中值-渗透率函数的斜率
Kozeny-Carman公式	$k=\frac{cd^2\phi^3}{(1-\phi)^2}$	k=渗透率(mD) ϕ=孔隙度 c=常熟 d=颗粒尺度中值(μm)
Berg公式	$k=8.4\times10^{-2}\times d^2\phi^{5.1}$	k=渗透率(mD) ϕ=孔隙度(裂缝) d=颗粒尺度中值(μm)

续表

名称	公式	参量物理含义
Van Baaren	$k=10D_d^2\phi^{(3.64+m)}C^{-3.64}$	k=渗透率(mD) ϕ=孔隙度(裂缝) D_d=模态颗粒尺寸(μm) C=分选率 m=Archie胶结指数
RGPZ公式	$k=\frac{1000d^2\phi^{3m}}{4am^2}$	k=渗透率(mD) d=加权几何平均颗粒尺度(μm) ϕ=孔隙度(裂缝) m=Archie胶结指数 a=颗粒填充常熟

岩石的渗透率变化范围很大，可达10的6次方，即6个数量级。油气藏盖层的渗透率一般在10^{-6}D量级，而储层的渗透率一般在$n\times10^{-3}$D~nD量级。

地震引起的渗透率变化，可能有完全不同的机制。从第2章列举的汶川地震的地下流体效应来看，地震引起的岩石渗透率变化相当复杂，可能存在多种机制与类型。

目前国内外常用地震泵模型来解释地震对地下流体运移的影响。其实，地震泵的概念最早是用来解释多期次热液成矿与古断层地震活动关系的。1975年，英国伦敦帝国学院的西布森(Sibson)在分析了热液成矿与古断层的地震活动性的关系后认为含金属矿热液的输运过程为地震所诱发，反复活动的地震断层就像泵一样，由较深部位抽出热液，经由断层驱入上方有较低正应力的易进得去的张开裂隙中沉积成矿，并将这种由地震触发的流体输运机制称为“地震泵(seismic pumping)”(Sibson，1975)。Sibson在他的文章的讨论部分曾指出过地震泵可能是构造活动区油气运移的重要机制。Hooper(1991)在“流体沿生长断层运移”一文中引用Sibson的地震泵概念解释油气沿断层的运移，认为流体沿生长断层的流动具有周期性、突发性特征，连通成熟油气源岩的活动(生长)断层能作为油气运移的通道。此后，国内外许多学者引用地震泵的概念解释油气的幕式成藏。地震泵是一个解释流体在地震时沿断层运移机制的模型，但很难用以全面分析地震与油气运移聚散的关系，比如用此模型就难以解释地震波对无断裂区岩石孔隙流体运移的影响，也无法解释孕育地震的地应力积累对岩石孔隙流体渗流运移的影响。通过对第2章所列事实和资料的综合分析，作者将地震及孕震应力对地下流体运移的影响机制分为了三类六型(表4.2)。其中，第Ⅰ、Ⅱ类属于地震的直接作用机理，第Ⅲ类属于孕震应力的作用机理。第Ⅰ类是既有认识；第Ⅱ、Ⅲ类是作者团队新的认识，而且对油气运移更为重要。

表 4.2　地震及孕震应力影响控制油气运移的机制分类

类型	机制
I. 同震破裂	I_1：同震破裂成为油气二次运移通道 I_2：同震破裂对深部岩石孔隙流体的泵式抽吸与输运(地震泵)
II. 地震波动压	II_1：地震冲击波激活地腹断层或形成微裂缝，形成流体快速运移通道 II_2:地震冲击波增加岩石孔隙流体的动压，改变吼道结构，推助孔隙流体迁移
III. 孕震地应力	III_1：孕震动压差增强渗透性 III_2：增强的地应力的排液作用

地下流体的迁移是一个微观过程，但油气成藏是一个宏观效应。因此，分析震控的油气运移，也需要从宏观与微观两个层面来分析。

4.1.1　震控油气运移的宏观机制

汶川地震的震致天然气逸出点分布及出现时间参见图 4.1。其中，出现时间可以准确确定的是：①标示的威远碗厂镇气苗，出现时间是在 2008 年 5 月 19 日 16 点，距汶川地震过去 7 天；②号点标示的气苗的出现时间也比较确定。图 4.1 标示的震致天然气逸出有两个显著特点：①形成时间的滞后性；②影响空间范围的广大性。时间的滞后性预示天然气很可能并非沿同震破裂直接迁移上来。事实上威远新生气苗处(①标示)没有也不可能形成同震破裂，至于该处是否有先存断裂在地震中被激活，目前不能确定。空间的广大性预示地震能够影响甚大范围内的油气迁移，整个龙门山前陆盆地都在龙门山地震的影响范围内。

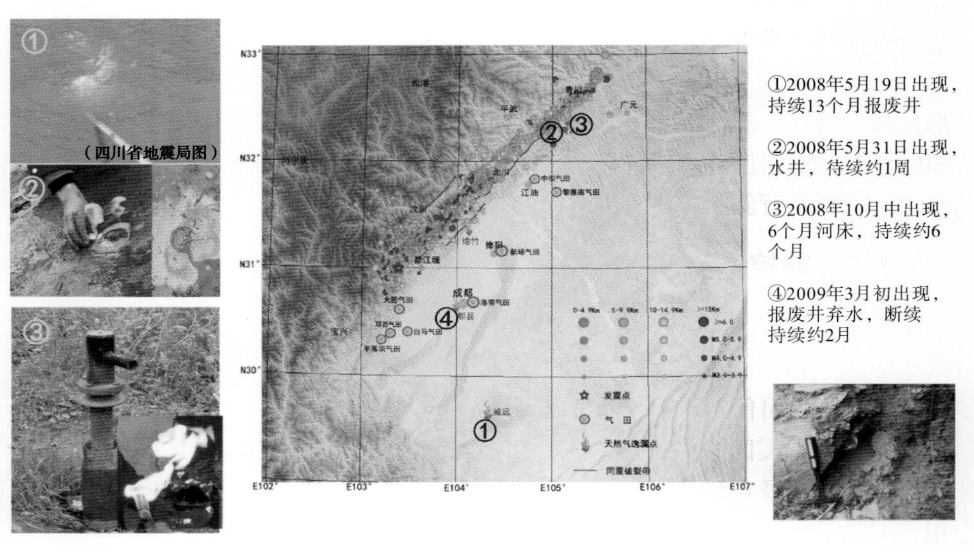

图 4.1　汶川地震后新生气苗的位置与出现时间

在已经确定的四个气苗中，有 2 个出现在废弃的钻孔中(威远、郫县)，2 个出现在生活用水井中，1 个出现在河床。鉴于只有水下的天然气逸出才有可能被发现，因此实际的天然气逸出点肯定远较发现的多。威远气苗出现在威远气田附近。该气田的产层是震旦纪地层，埋深约3000m。震后7天气苗出现，气苗所在废弃井的井深约为1900m。假设逸出的天然气来自威远气田的气藏，那么气苗的垂向迁移速度约为6.5m/s，如考虑到传播路径的非直线性，传播速度应高于这个值。威远气苗在存续的13个月期间，溢出是持续的，表明有稳定的气源供应。②标示的气苗2008年5月31号出现，距离汶川地震过去了19天，如按威远气田溢出天然气的迁移速度估算，其气源的深度约为3000m左右，位于三叠系上统须家河组地层。③标示的气苗出现在河滩，除了可点燃的天然气，还有油花。同位素分析表明，该地逸出气属于生物气，但有很大比例(29%～35%)的 CO_2。该地靠近汶川地震的主同震破裂带，推测 CO_2 系断裂带摩擦热导致的碳酸盐的热分解物。该处发育有大的断裂，有气苗但无深源气的事实也表明，深部的油气可能已在历史地震中沿通天断裂散失殆尽。④标示的郫县气苗是间歇性的，可点燃的天然气伴随间隙性的涌水逸出，无水时无气，溢出间隔从几小时到几天不等。该气苗产出地附近有多处气苗，当地居民利用这些溢出气做饭已有20多年的历史。据前人分析，这些溢出气属于煤层气。基本可以确定，该气苗可能不是已有气藏的破坏溢出，而是渗透率增加导致的溶有天然气的地下水的间隙泉性质的溢出。当然，渗透率的增加应有地震作用的贡献。

地震对岩石结构的改变，既可能是数十千米级的破裂，也可能是微米级的微破裂，甚至只是瞬态的弹性应变。因此，地震对岩石渗透率的影响，可能不能用现有公式（表4.1）来描述。如表4.2所列，地震及孕震应力作用影响油气运移的机制包括有三类六型。在地震带，起作用的主要是同震破裂的地震泵作用(机制I)；在近震至远震区，起作用的主要是地震波动压(机制II)。这两种机制基本上都是准“瞬态”的，但可能是深生浅储油气藏的主要形成机制。在长时间、大范围内，以侧向挤压为特征的孕震应力可能在油气运移聚集成藏中发挥了主导性的作用，可能是背斜油气藏的主要形成机制。

4.1.2 震控油气运移的微观机制

震控控制油气运移是一种宏观现象，但其过程与机制都是微观的。为定量评价震致油气运移，需进行微观建模。如前所述，地震引起油气迁移的机制是多重的，不同的机制可能需要用不同的模型来描述。地震泵描述的只是破裂带的油气运移机制。在近震区以至远震区，震致油气运移的微观机制主要是地震波动压对孔隙流体的驱动及对喉道结构的瞬态改变。对孔隙流体的驱动主要是纵波动压的作用，对喉道结构的瞬态改变可能主要是剪切波的作用。依据现有分析，作者研究团队构建了一个地震波促进油气运移的概念模型(以油滴的迁移为例)，参见图4.2。

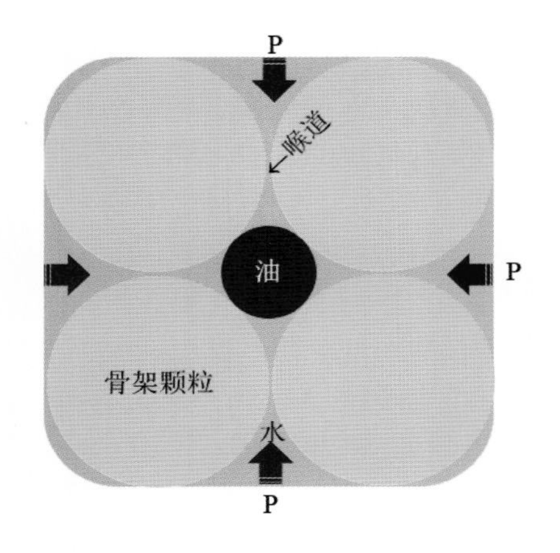

(a)静压(P)平衡态下岩石孔隙中的油滴示意图

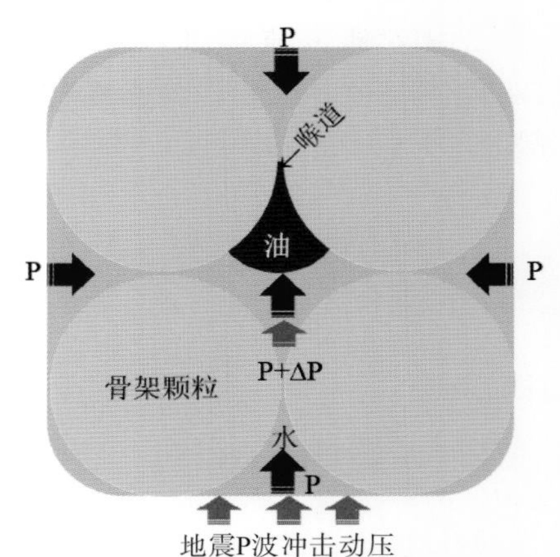

(b)地震 P 波动压(ΔP)作用下的油滴迁移模型

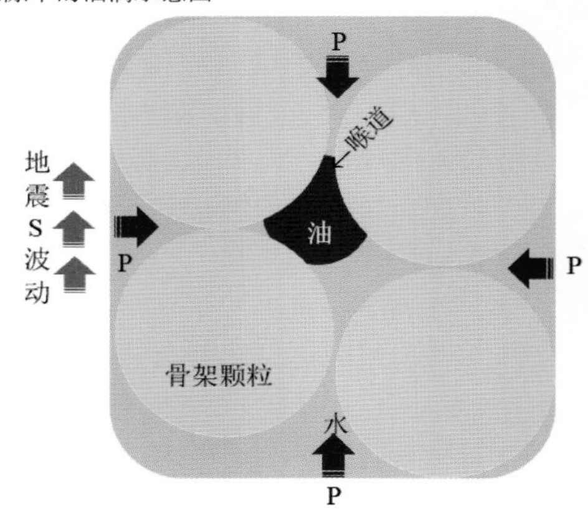

(c)地震 S-波作用下的油滴迁移模型

图 4.2　地震波作用下的油滴迁移示意图

注：(b)P 波压缩波动的附加动压促使油滴穿越喉道；(c)S 波的剪切力改变喉道结构，促使油滴穿越。

物理概念模型只有转换为用数物方程表示的数理模型，才能进行定量研究。迄今，尚未见有学者研究建立地震波动压驱动的油气运移数理模型。但有一些地震波动压驱动的地下水迁移数理模型(Roeloffs，1996)可资参考。地震波动压对岩石孔隙流体迁移的影响主要通过两种途径实现：岩石骨架的应变与孔隙压力的变化，而这二者通常是耦合的。孔隙介质的中的孔压 p 可以表示为：

$$p = BK_u\left[-\varepsilon_{kk} + \frac{1}{1-K/K_s} \times \frac{m-m_0}{\rho_0}\right] \tag{4.2}$$

式中，B 为斯肯普顿系数(Skempton's coefficient)，K 为体积模量，ε_{kk} 为无量纲应变张量，m_0、ρ_0 分别为流体的质量和密度。

该方程表明，岩石孔隙压力会因介质的收缩形变或单位体积内流体质量的增加而增加。地震纵波是压缩应变，必然导致岩石孔压的增加，进而推动孔隙流体迁移。

地震对地下流体迁移的影响，通过其对岩石渗透率的影响来实现。据 Elkhoury等(2006)的研究，地震波的峰值地动速度在 0.21～2.1cm/s 时，岩石的渗透率变化和地震波的峰值地动速度大体呈线性正比关系：

$$\Delta k = R\frac{v}{c} \tag{4.3}$$

式中，Δk 为地震时渗透率的变化，v 是垂向峰值地动速，c 是地震波的相速度。v/c 大体相当于系统的应变。因而 R 反映的是岩石渗透率对应变的响应，且是岩石的特征性参数。

地震波的峰值地动速度是地震波能量的一种度量。地震波能量还有其他的度量方式，如震级、烈度等。

Wang 等(2007)曾定义过一个地震能量密度(Wang，2007；Manga et al.，2012)，如式(4.4)所示：

$$\log_{10}e = -3\log_{10}D + 1.5M - 4.2 \tag{4.4}$$

式中，D 为观测点距震中的距离，单位 km；M 为地震的震级；地震能量密度 e 的单位 J/m^3。

地震能量密度 e 是单位体积内地震波的能量，代表在一个已知区域内能够做功的最大地震能量。地震能量密度常数 e 的等值线在 D-M 对数图上为一条直线(图 4.3)。Manga 等(Manga et al.，2012)发现，地震地下流体效应事件在地震能量密度图上有一个相对集中的分布(图 4.3)。这表明，地震的地下流体效应，需要有适当的能量激发，地震能量密度应达到 10^{-2}J/m^3 以上。

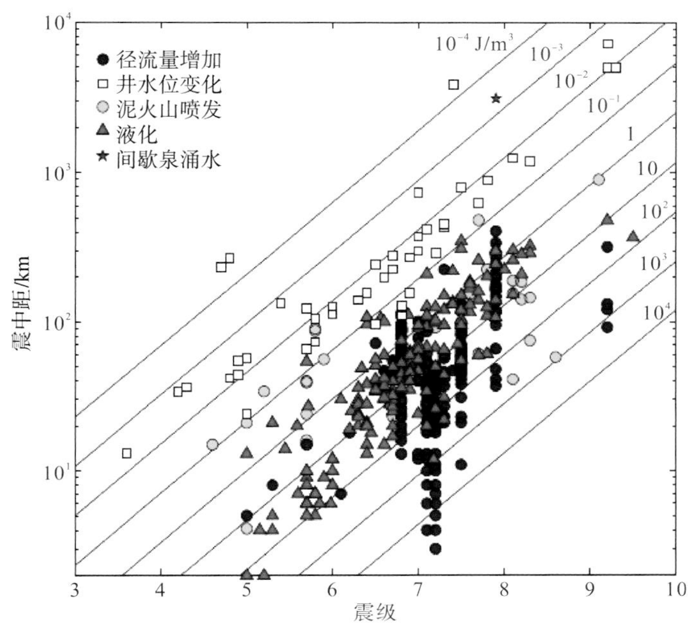

图 4.3　地震地下流体效应事件在地震能量密度图上的分布

资料来源：Manga 等(2012)

从图 4.3 可以看出，5 级以上地震能够引起近场至 10^3km 范围内的地下流体的显著响应，而尤以 6.5～7.5 级地震的效应较为强烈。

地震的地下流体效应有多种表现形式，但可以归为两类：流量增加(水位上升)与流量减少(水位下降)。据 Geoffery、Wood(1994)的研究，地震流体效应的类型和断层类型有关，正断层在同震压缩弹性回跳作用下发生排液效应(流量增加，水位上升)，逆断层在同震扩展弹性回跳作用下发生“吸”液效应(流量减少，水位下降)(图 4.4)。

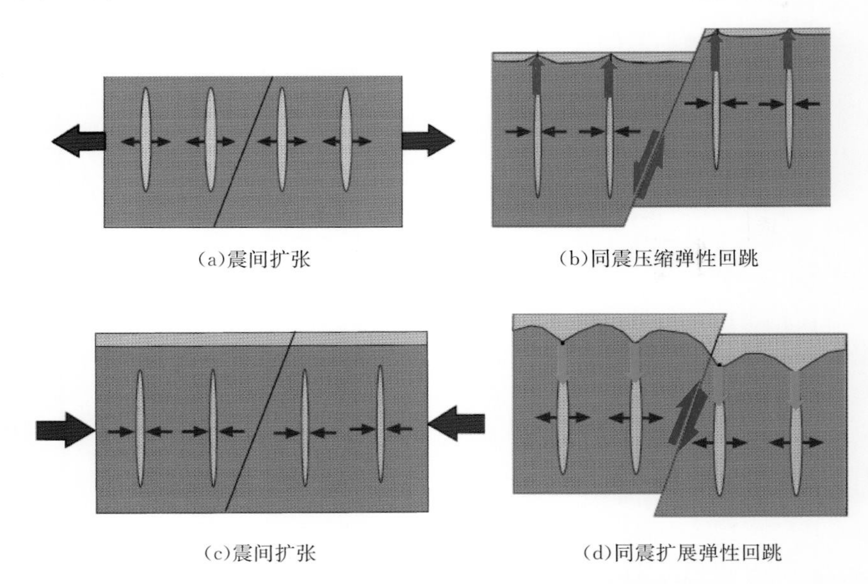

(a)震间扩张　(b)同震压缩弹性回跳

(c)震间扩张　(d)同震扩展弹性回跳

图 4.4　地震的地下流体效应类型与断层属性的关系

资料来源：King、Wood(1994)

通常用震致的渗透率增加来解释地下流体的地震响应(Manga et al.，2012)。但实际上，震致的地下流体异常迁移更多的可能和裂缝的开合有关。在裂缝介质中，裂缝的开合与连通是影响渗透率的决定性因素。

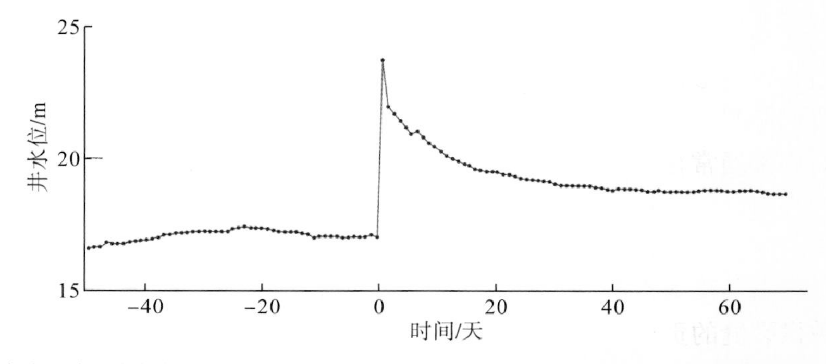

(a)台湾云林一井水位对 1999 年集集地震的响应，该井距震中约 25km，距地表破裂带约 13km

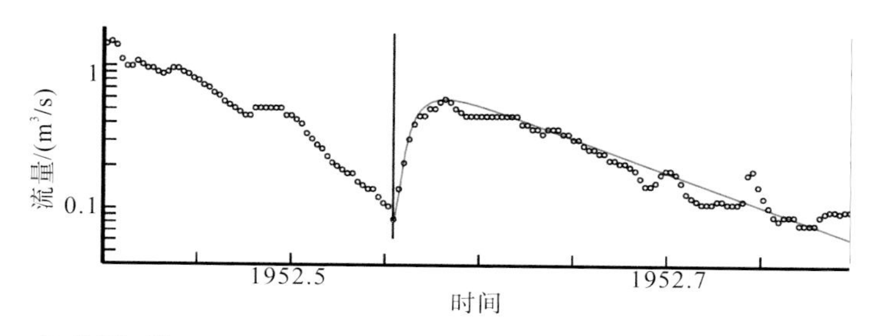

(b)美国加州 Sespe Creek(一小河)流量对 1952 年 Kern County 7.5 级地震

图 4.5　地下流体对地震的响应特征

资料来源：Manga 等(2012)

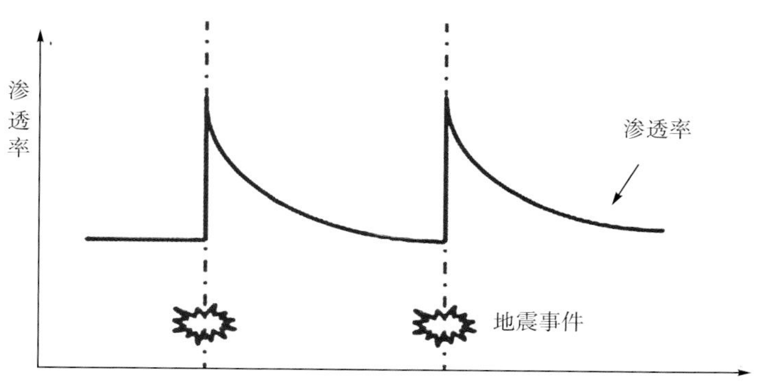

图 4.6　地震后岩石渗透率的变化模式

资料来源：Faoro 等(2012)

在水井、气井和实验室，都观测到一个现象(Faoro et al.，2012)：地震后水、油或气的流量阶跃增加达到峰值后，呈指数衰减，如图 4.5 和图 4.6 所示。多位学者建模描述过这一变化模式(Brodsky et al.，2003；Wang et al.，2004；Elkhoury et al.，2006；Claesson et al.，2007；Geballe et al.，2011)，但都缺乏符合实际的物理机制解释支持。作者团队分析认为，地震的地下流体效应主要同岩石的(微)破裂有关，因为许多效应的出现具有一定的滞后性与持续性，如果是地震波动压作用的结果，应该是立即、瞬态的。岩石破裂具有分形特征。作者团队通过引入分形微破裂假定建模描述这一变化模式，获得了与实际吻合度较好的理论预测结果。

岩石内部通常存在具有分形特征的多尺度裂缝(图 4.7)。这些裂缝都是在历史地震中形成的(严格地说是形成裂缝的破裂产生地震)。在一次大地震后，岩石内部新形成的裂缝是在原有裂缝基础上的扩展，依然具有分形特征[图 4.7(b)]。设地震前岩石的渗透率为 k_0，地震后的渗透率为 k_e，那么 k_e 相对于 k_0 的增加主要是震致微裂缝的贡献。需要寻找的就是 k_e 与微裂缝的关系。

根据 Poiseuille 流的计算公式，粘性流体沿着 x 轴向，单位深度为 η^0，缝宽

为 λ 的狭长弯曲裂缝中流动，流量与压降之间的关系为：

$$Q(\lambda) = \frac{\lambda^3 \eta^0 \mathrm{d}P}{12\mu \mathrm{d}L_e} \tag{4.5}$$

式中，μ 为流体黏滞系数，P 为流体内部压力，x_e 为裂缝的有效长度。

(a)区域尺度断层(10km 级)；三维地震相干图像，图像范围 150km^2

(b)露头尺度断层与裂缝(m 级)

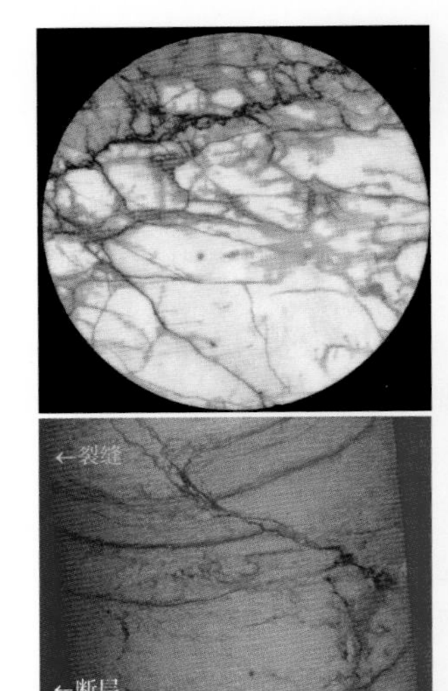

(c)岩芯尺度微断层与裂缝(cm 级)

图 4.7　岩石的裂缝

鉴于岩石中弯曲微裂缝具有分形特征，其有效长度可以利用分形理论给出：

$$L_e = \left(\frac{L}{\lambda}\right)^{\delta}\lambda = L^{\delta}\lambda^{(1-\delta)} \tag{4.6}$$

$$\mathrm{d}L_e = \delta L^{\delta-1}\lambda^{-\delta+1}\mathrm{d}L \tag{4.7}$$

式中，L 选为裂缝两端的直线距离；δ 为分维。

将裂缝有效长度表达式带入流量计算式中，得：

$$Q(\lambda) = \frac{\eta^0}{12\mu}\frac{\lambda^{\delta+2}}{\delta L^{\delta-1}}\frac{\mathrm{d}P}{\mathrm{d}L} \tag{4.8}$$

考虑通过截面 S 的总流量 Q_{all} 等于截面上全部裂缝流量之和，故做如下积分：

$$Q_{all}(\lambda) = -\int Q(\lambda)dN = \int_{\lambda_i}^{\lambda_a}\frac{\eta^0\lambda^{\delta+2}}{12\mu\delta L\,\delta-1}\frac{\mathrm{d}P}{\mathrm{d}L}(D\lambda_a^D\lambda^{-(d+1)}\mathrm{d}\lambda)$$
$$\frac{\eta^0 D\lambda_a^D}{12\mu\delta L^{\delta-1}}\frac{\mathrm{d}P}{\mathrm{d}L}\int_{\lambda_i}^{\lambda_a}\lambda^{1+\delta-D}d\lambda \tag{4.9}$$

由于前提假设裂缝宽度跨度很大，即 $\lambda_a \gg \lambda_i$，则积分结果可简化为：

$$Q_{all} = \frac{\eta^0 D\lambda_a^{2+\delta}}{12\mu\delta L^{\delta-1}(2-\delta-D)}\frac{\mathrm{d}P}{\mathrm{d}L} \tag{4.10}$$

渗透率的定义为：压力梯度为1时，动力黏滞系数为1的流体在介质中的渗透速度。因此，令 $\mu=1$，$\frac{\mathrm{d}P}{\mathrm{d}L}=1$，则可由上式得出分形裂缝系统的渗透率：

$$k_f = \frac{\eta^0 D}{12\mu\delta L^{\delta+1}(2+\delta-D)}\lambda_a^{2+\delta} \tag{4.11}$$

式中，k_f 即为裂缝系统对岩石渗透率的贡献。

由此，震后岩石的总渗透率可以表示为：

$$k = k_0 + k_f \tag{4.12}$$

式中，k_0 为震前岩石的初始渗透率，k_f 为震后新发育的裂缝体系对渗透率的贡献值。

式(4.13)表示的岩石渗透率是一个固定值，与时间无关。但事实上，震后，作者团队观测到的岩石渗透率随时间增长呈指数随减(图4.5)。如果岩石渗透率的增加是因裂缝的形成，那么渗透率的减少则应该是裂缝闭合作用的结果。如果将岩石裂缝体系的快速发育过程视为一个弹塑性过程，则可以将裂缝的形成与闭合过程归纳为：地震发生，形成裂缝体系，裂缝将地震波能量以弹性势能的形式吸收储存起来，使自身进入一个高能激发态；地震结束，动压力消失，裂缝体系释放储存的大部分弹性势能，裂缝大幅度闭合，因为是非完全弹性形变，裂缝不会完全闭合，使整个体系逐渐稳定在一个新的比初态稍高的能量状态上(准稳态)。那么如何将这一过程和渗透率的变化联系起来？我们知道，弹性势能的大小与位移有关。对于岩层的弹塑性形变来说，新形成的裂缝的宽度与体系弹性势能的大小成正比。因此，可以利用新裂缝体系的最大裂缝宽度 λ_a 来为体系弹性势能动态变化的指标。

引入这样的近似处理，则有：

$$k(t)=k_0+k_f(t)=k_0+\frac{\eta^0 D}{12\mu\delta L^{\delta+1}(2+\delta-D)}\lambda_a^{2+\delta}(t) \tag{4.13}$$

根据弹塑性过程理论，裂缝的最大宽度 λ_a 是随着时间而减小的。尝试选取如下 λ_a 随时间的变化关系(反比关系)：

$$\lambda_a=\frac{1}{c_0+t}+c_1 \tag{4.14}$$

并设定 $\delta=1.1$(文献的参考值是 $1<\delta<1.2$)，则有：

$$k(t)=k_0+k_f(t)=k_0+\frac{\eta^0 D}{13.2\mu L^{2.1}(3.1-D)}\left(\frac{1}{c_0+t}+c_1\right)^{-3.1} \tag{4.15}$$

由此计算出的 $k(t)$ 随时间的演化曲线见图 4.8。该图描述的渗透率随时间变化趋势与图 4.6 描绘的一致，与汶川地震后联 109-1 井的气产量变化趋势一致。孕震应力作用下的流体迁移，主要是定向应力作用下的侧向运移。

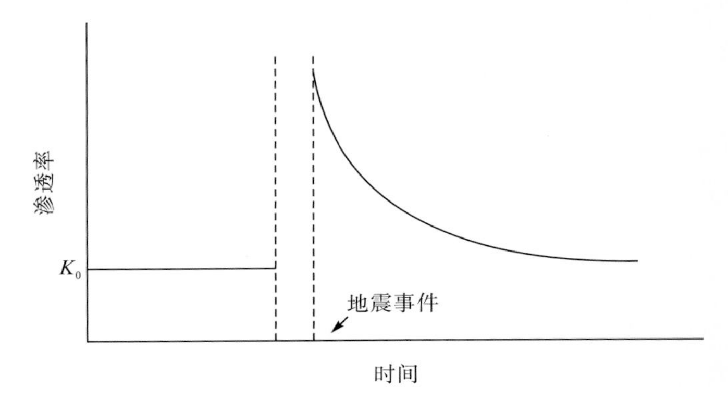

图 4.8　分形裂缝模型渗透率随时间的变化

4.2　同震破裂的疏导与闭合

地震对地下流体运移的影响，主要是通过断裂(破裂)的开合来实现。地震打开断层有两种基本的类型：一是断层本身的活动，形成地震，在这种情况下，实际上是断层的活动引起了地震，在极震区即属这种情况；二是地震冲击波激活了先存断层，在近至中震区，甚至在远震区，发生的主要是这种情况。

地震的对成藏效应，主要是同震破裂引起的油气快速迁移，导致油气藏的破坏与油气的二次运移聚集。如果被破坏的油气藏中的油气通过通天断裂逸散，则表现为油气藏的破坏；如果被破坏的油气藏中的油气通过同震破裂运移到新的圈闭中聚集起来，则表现为二次成藏。

汶川地震在龙门山前陆盆地地腹引起了较大规模的流体运移(图 3.14 和图 3.15)。虽然尚无法确定迁移的流体就是或者包含天然气(在川西主要是天然气)，但证明这种机制是存在的。地震后出现的大规模流体涌出，线状分布的泥火山、油苗、天然气苗等，都是流体沿同震破裂迁移的证据。流体沿同震破裂的快速迁移是一个非线性非稳态过程，Rice(1992)曾建过一个其运动速率的模型：

$$v=\frac{k_0(1-\phi_0)g(\rho_g-\rho_f)\ \sin a}{\eta_f\beta\phi_0}\times\left[\frac{\exp(-\sigma_f/\sigma^*)-\exp(-\sigma_i/\sigma^*)}{\sigma_i-\sigma_f}\right] \tag{4.16}$$

式中，k_0 表示有效应力为0时的渗透性，ϕ_0 表示有效应力为0时的孔隙度，g 是重力加速度，ρ_g 是岩石的密度，ρ_f 是流体的密度，α 是断层的倾角，η_f 是流体的动态黏性，β 是一个描述有效应力与孔隙度之间线性相关性的参数，σ_i 是流体脉冲前端的初始有效应力状态，σ_f 是流体脉冲后端的有效应力状态，σ^* 是描述有效应力与孔隙度之间指数相关性的参数。

式(4.18)描述的模型表观上看起来很复杂，参数很多。实际最主要的还是流体脉冲后端的有效应力差。式(4.18)是理论意义大于实际意义，因为用式(4.18)估算流体的运移速度，需要知道许多参数，而这些参数在实践上是很难确定的。在实践上，我们可以根据观测估算流体的迁移速度。威远气田的储层深度一般为3000m。汶川地震后威远气苗出现的滞后时间是7天，气苗位置处的井深1923m。假设气苗的气来源于震旦灯影组，则该处天然气流的迁移速度约为150～160m/d。这个速度远高于流体在岩石中的渗流速度。

震控成藏关心的不只是流体沿同震破裂的迁移，还要关心张性破裂的闭合与封堵。地震打开的断层，随着迁移途径流体中矿物质的结晶沉淀，会逐渐被封堵，形成流体迁移的阻挡面。传统上研究断层的封堵性，主要是从断层属性(压性和张性)和断层带岩石物质组成分析入手(Moeller、Koestler，1997；Jones et al，1998；Koestler、Hunsdale，2002；吕延防等，2002)。

关于断裂作用与油气成藏的关系研究，主要是在Hubbert(1953)的圈闭理论的基础上发展起来的。最早系统论述断层封闭性的是Smith(1966，1980)。他从理论上探讨了断层的圈闭能力，提出了封闭性断层与非封闭性断层的判别模式。之后，人们对断层封闭性的研究日益深入，国内外的许多学者从不同角度利用不同方法，不同程度地阐述了断层封闭的可能性及其封堵机理。在Smith研究的基础上，Watts于1987年进一步研究了单相烃柱与两相烃柱的断层封闭问题，并提出了“压力-深度图”的分析方法。其它关于断层封堵，比较重要的研究包括有：Engelder(1974)研究了碎裂作用与断层泥生成间的关系；Weber(1978)研究了泥岩在生长断层中的封堵作用，1978年研究了泥岩在生长断层封堵中作用与油气藏的分布；Knipe(1992)详细论述了断层封堵物中微组构的演化和发展过程，分析了影响封堵物的形成时间、封闭能力、连通性和封闭强度及稳定性的因素。Gibson(1994)认为断层封堵主要取决于断层带内的封堵物；Berg(1995)研究了泥岩剪切带的起源、性质及结构和成分，并讨论了其封堵能力。1996年，在挪威特隆赫姆(Trondheim)召开了一次油气保存条件研讨会，会后在1997年出版了

"Hydrocarbon Seals：Hydrocarbon Seals-Importance for Exploration and Production"，该文集对断层封堵性在油气保存中的作用进行了深入的分析阐述。1998 年，Jones、Fisher 和 Knipe 编著出版了"Faulting，Fault Sealing and Fluid Flow in Hydrocarbon Reservoirs"，对断层封堵性研究进行了系统总结。2000 年，在挪威斯塔万格(Stavanger)召开了油气保存条件定量评价研讨会，会后，在 2002 年出版了"Hydrocarbon Seal-Quantification"，该文集对油气保存条件的定量评价进行了比较系统的阐述，部分涉及断层封堵性的定量评价。

表 4.3　断层封堵性研究部分代表性成果

作者	年代	理论或认识
Smith	1966 1980	第一个提出断层封闭性，建立断层封闭性的经典模型，为这一领域的研究奠定了坚实的基础
Engelder	1974	研究了碎裂作用与断层泥生成间的关系
Downey	1984	指出断层封闭的双向性，即垂向封闭和侧向封闭
Weber	1984	研究了生长断层中的泥岩涂抹现象
Watts	1987	研究了单相烃柱与两相烃柱的断层封闭问题，并提出了"压力—深度图"的分析方法
Allan	1989	从油气运移的角度，利用断面剖面分析技术，进行了断层封闭性的研究
Knipe	1992	细论述了断层封闭物中微组构的演化和发展过程，分析了影响封闭物的形成时间、封闭能力、连通性和封闭强度及稳定性的因素
Gibson	1994	阐述了断裂带充填物的存在及其分布规律对油气侧向封闭能力的影响
Berg	1995	研究生长断层封闭特征时，比较了剪切带的性质与圈闭能力，丰富了断层封闭作用的类型和研究方法
Yielding 等	1997	对断层面的泥质涂沫作用也做了定量的分析，并建立了断层涂沫因子等参数的定量关系式，为断层封堵性研究定量性作出了贡献

在国内，付广(2002)等在分析断层侧向封堵机理的基础上，讨论了影响断层封堵性的各种因素，提出利用砂泥比来预测断层的封堵程度。吕延防等 2002 年编著出版了《断层封堵性研究》，比较系统的讨论了断层的封堵性及其分析评价方法。此外，张树林、赵永祺、杨克明、王志欣、李亚辉、钟宏平、孙宝珊、鲁兵、陈永峤等学者都研究过断层的封堵性。

以上关于断层封堵性的研究，探讨的主要是泥岩在断层封堵中的作用，特别是泥岩层和砂岩层的空间配置对断层封堵性的影响以及断层中的泥质(断层泥)对断层封堵性的影响。这些研究，较少考虑地震的影响。断层(两盘的)运动有两种基本的方式：缓慢的滑移与快速的错动(即地震)。地震开启或形成的断层的闭合与封堵性，与缓慢滑移的断层的封堵性有较大地不同。地震开启或形成的断层，起初基本上都是开放的流体运移通道。而断层两盘缓慢滑移的断层面，有部分可能渗透性是很低的，如泥岩层中的逆冲断裂。地震开启或形成的断层的封堵，首先是断层的闭合。断层闭合，部分机制是岩石弹性应变的恢复，部分机制是孔隙流体沉淀物的填堵，具体那种机制起主要作用，因断层性质(张性断裂、压性断裂、走滑断裂)不同会有很大差别，需要具体断层具体分析。甚至一个断层的不同段，闭合机制都可能是不一样的。

现有观测表明，地震形成的流体异常迁移(如自流井、泉水流量的增加等)多数在6～12个月内恢复正常(Beresnev、Johnson，1994)。汶川地震后威远新生气苗点的天然气逸出持续了13个月，然后逐渐消失。地震后地下流体异常迁移的消失通常被认为是同震断层闭合或同震破裂愈合的结果。当然，这还有一种可能，就是源流体已经溢出消耗殆尽。2007年，Claesson等(2007)发表了对冰岛北部Tjörnes断裂带在2002年9月16日Mw 5.8级地震后的愈合过程的监测研究结果，认为这一过程持续了约2年，主要的封堵机制是水岩反应。

汶川地震后，我们在青川观测到沿断裂的硫化物沉积(图4.9)，这是同震破裂封堵的重要机制。

图4.9　汶川地震同震破裂带的硫化物沉积

与一般的断层封堵性研究重点关注断层两盘的岩性配置与断层带的涂抹物质不同，震控成藏研究断层的封堵性重点关注的是同震破裂的闭合与沿断层迁移的流体的沉淀物的填充封堵。

许多油气藏的空间位置和断层密切相关，这预示油气藏的形成与断层有关。关于断层在油气藏形成中的作用，在论述油气运移时，认为它是油气运移通道；而在论述保存条件时，又认为它是封堵边界。这两种观点的都是正确的，只是发生在不同的时间段，这个时间段的分割事件就是地震。地震形成或开启断层，断层成为油气运移通道；地震间隙期断层闭合或愈合，运移通道被封堵；如果断层错动使得储集层因与封堵层相接触而形成油气圈闭，则成为断层圈闭。同震破裂的流体疏导作用，对油气成藏既可能是建设性的，也可能是破坏性的。如果同震破裂贯通地表，如在汶川地震后在龙门山观测到的，其作用只可能是造成油气藏的破坏和油气逸散；如同震破裂只局限在地腹，且连通了深部的油气藏和浅部的储层，则会形成深生浅储的油气藏，川西新场的浅部气藏很可能就是通过这一机制形成的。

4.3 地震活动性与油气成藏

业已确认，油气藏有多种类型。何以如此，很少有人探讨。本书在研究地震影响油气运移机制的过程中，逐渐发现地震活动性与油气成藏特征有很大的关联性。油气藏的类型与其产出区域的地震活动性有很大的关系。在稳定的地台区，无地震发生，自然无孕震应力的作用，油气成藏以压实排烃为主，油气成藏以在与烃源岩接触的多孔岩石(储层)中的低丰度聚集为特征，如鄂尔多斯盆地的油气成藏。在地震弱活动区，存在以侧向挤压为主的孕震应力的作用，褶皱发育；储层中分散分布的低丰度油气在孕震应力的作用下沿高渗透储层向构造高点迁移，形成高丰度聚集的背斜油气藏，世界上绝大多数的碎屑岩背斜圈闭油气藏属于此类。在地震带，在高强度地应力的积累与地震性释放过程中，通天的同震破裂导致与破裂带连通的油气藏的破坏与逸散；连通深部油气藏和浅部储层的地腹内源储破裂带导致深部油气沿断层向上迁移形成二次聚集成藏。龙门山地震带的油气逸散与龙门山前陆盆地深生浅储油气的成藏属于此类。基于这一分析与认识，作者构建了一个地震活动性与油气成藏特征的概念模型(图 4.10)。

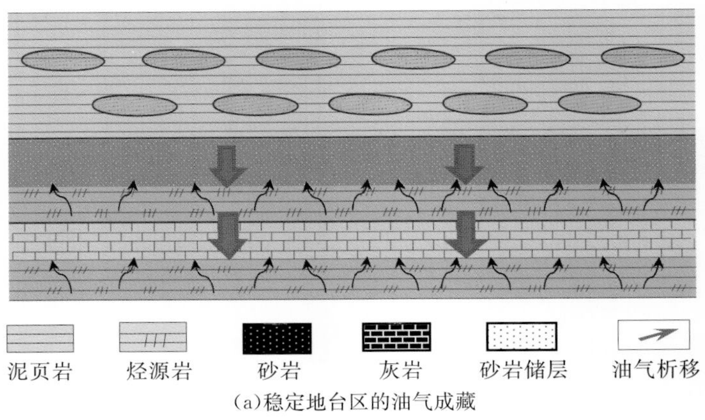

(a)稳定地台区的油气成藏

注：无孕震应力作用，压实排烃，低丰度成藏。

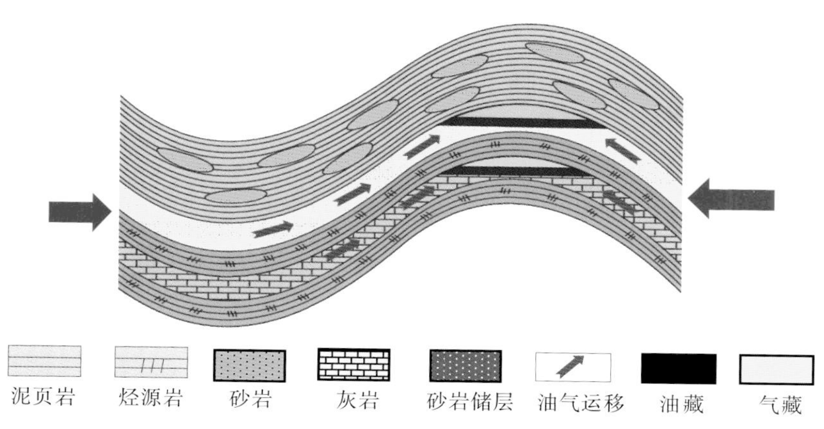

(b)平缓褶皱区油气成藏

注：孕震应力作用，二次运移成藏，高丰度成藏。

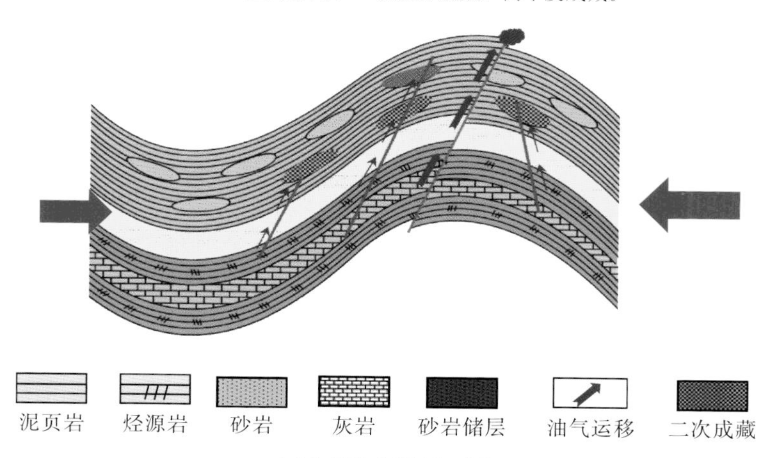

(c)地震活动带油气成藏

注：震控二次运移，通天断裂导致逸散、源储断裂导致深生浅储成藏。

图 4.10　地震活动性与油气成藏特征的概念模型

依据该模型，既可以由区域地震活动性推断该区域油气藏的特征，也可以由油气藏的特征反推区域地震活动性及地壳应力环境与演化特征。该模型，同样可用以解释油气藏随构造演化的变化：沉积之初，随埋深的增加，发生压实排烃与低丰度成藏；低丰度油气储层遭遇褶皱后，在孕震应力的作用下，储层内的油气发生二次迁移，形成以背斜油气藏为特征的高丰度聚集成藏；背斜油气藏遭遇通天断裂破坏后导致油气逸散，遭遇地腹内的源储断裂破坏后形成深生浅储油气藏。

4.4　龙门山地震对川西油气二次运移与聚散的控制性影响

川西是我国重要的天然气富集区之一。据第三次全国油气资源评价，川西天然气资源量为 $1.8\times10^{12}\sim2.5\times10^{12}m^3$，其中深层海相地层中的天然气资源量占很大比例。川西油气勘探区在地球动力构造环境上属于龙门山－川西前陆盆地山盆系统(图 3.1)，在地质地理上包括龙门山前缘带和川西坳陷(图 3.1 中 II_2和 III 区带)。龙门山－四川盆地山盆系统演化过程中的山盆动力耦合作用必然对川西的油气运移聚散产生影响。在龙门山隆升形成之前，川西深层海相地层中的油气很可能已经形成。龙门山在隆升形成过程中与四川盆地的山盆动力耦合作用必然引起海相地层中的油气发生二次迁移聚散。龙门山地震是龙门山与四川盆地相互作用的结果，地震的孕育与发生过程也是龙门山与四川盆地山盆动力耦合作用的过程。龙门山与四川盆地的山盆动力耦合不仅有缓慢的相向对冲挤压作用，也有急速的断裂位移调整。龙门山和四川盆地的缓慢地对冲挤压是孕震过程，岩石的快速破裂位错过程是地震作用过程。世界各地都有强震前地下出现显著排液现象的研究报道，如地下水位的上升，岩石 Vp/Vs 的减小(被认为是岩石排液的结果)等。由此可以推想，在龙门山地震的孕震过程中，很可能会发生岩石的排液，引起油气的迁移，包括初次运移与二次运移，以至二次的二次运移。

地震是以岩石的快速破裂为特征的构造运动。地震破裂裂缝既可成为油气的运移通道，也可成为油气的聚集空间；同震破裂会瞬间改变岩石孔隙流体的压力状态，形成巨大的压差，引起包括油气在内的岩石孔隙流体的喷流与抽吸迁移；强震的地震冲击波既可使已愈合的断层活化，形成流体运移通道，也可使岩石孔隙流体冲破吼道的力障发生迁移。汶川地震后，在龙门山和川西平原多处出现泉涌、喷水、冒砂现象，在威远、仁寿、绵竹、青川等地新出现了天然气气苗。威远新出现的气苗距汶川地震震中直线距离超过了 130km，而川西气田距汶川地震震中的直线距离最大不超过 100km。由此可以推定，龙门山地震对川西油气的运移与聚散及川 2008 年西气田的成藏与破坏必然有重大影响。经过对川西 200 多口气井在汶川地震后的产量变化情况的统计分析，结果表明约有 1/3 的井的天然气产量发生了显著的变化，以延迟的锐降为特征。这一切都表明，汶川地震对川西的油气运移产生了重要影响。

大地震的发生具有一定的重复性，汶川地震预示龙门山在地质历史上也应发生过很多次类似的大地震，这些大地震也必然会对川西油气的运移与聚散，对川西油气田的成藏与破坏产生重大影响。每一次大地震之后都会发生很多次余震，汶川地震后至 2009 年 10 月龙门山构造带发生余震逾 6 万次，4 级以上地震逾 300 次。这些余震震级虽没有主震大，但部分余震震中很靠近已知气藏，其对气藏的影响甚至可能超过了主震。青川的几处天然气逸出点都是在余震后发现的。

当然，主震后也可能有气苗出现，但因当时情况普遍紧急，没有人注意到这些细微的现象。

川西油气勘探目前发现的天然气藏浅、中、深层都有，以深生浅储(聚)为特征(戴金星等，1997)目前勘探开发的主要是浅层侏罗系地层中的天然气。据研究，川西浅层侏罗系地层中的天然气来源于深层上三叠统须家河组(T_{3x})。该组纵向上可分为六段，其中须一段、须三段和须五段为烃源岩(不渗透层)，须二段、须四段为储集岩(渗透层)和主要的天然气产层，须六段也是储集岩层，但在大部分地区缺失。须家河组的气是如何穿过多个致密的不渗透层而到达浅部的侏罗系地层中，王金琪(1997)、谢泽华(2000)等认为是烟囱效应作用的结果，刘树根等(2005)等则认为是爆发式成藏的结果。无论是烟囱效应还是爆发式成藏，都认为深部的天然气是沿断层迁移上来的。烟囱效应说认为这种迁移是一种缓慢的扩散，爆发成藏说认为这种迁移是在异常压力作用下的一种爆发式迁移。这两种成藏机制假说都没有考虑天然气成藏和断层的成生关系，没有考虑地震破裂的影响。汶川地震后，我们才逐渐认识到，这些深生浅储气藏的成藏机制可能是天然地震控制的二次运移成藏。

天然地震引起的油气二次运移，既可导致其在新的储层中聚集成藏，也可导致既有油气藏的破坏与散失。如果同震破裂贯通了地表(即所谓的“通天断裂”)，那么这样的破裂带将导致油气的散失；如果破裂只贯通了深层的油气藏和浅层的储层，那么这样的“源储断层”将导致深生浅储油气藏的形成。汶川地震在龙门山形成了大规模的通天破裂，破裂带的延伸可达20km，远超过了沉积地层的厚度，这意味着龙门山沉积地层中的油气藏，无论深浅都会受到地震的破坏性影响，预料龙门山历史大地震的同震破裂情况也大致如此。汶川地震的6万多次余震基本上都分布在龙门山极震区。余震分布在某种程度上反映了主震破裂的空间延展范围。强余震分布区油气藏可能也受到了破坏性影响。

综合这些事实，按照震控成藏的理论，作者认为龙门山地震对川西油气的二次运移与聚散有控制性影响，并据此建立了一个龙门山地震控制川西油气二次运移与聚散的概念模型(图4.11)，其特征是深生浅储。依据该模型，在龙门山，地震对油气运移与聚散的影响主要表现为同震破裂的地震泵式抽吸，通天的同震破裂导致油气的散失；在龙门山前陆盆地地腹，主要表现为地震冲击波激活先存断裂，在恰当的源储断裂的配合下，在地腹内能够形成深生浅储的二次成藏。依据该模型，能很好地解释现今川西油气的分布：龙门山有源有储但无油气藏；龙门山前陆盆地浅层无源但有气藏。该模型同时也能用以指导川西的油气勘探：在龙门山前陆盆地地腹，有断裂贯通深部储层的浅部储层，是深生浅储气藏最可能的发育区。

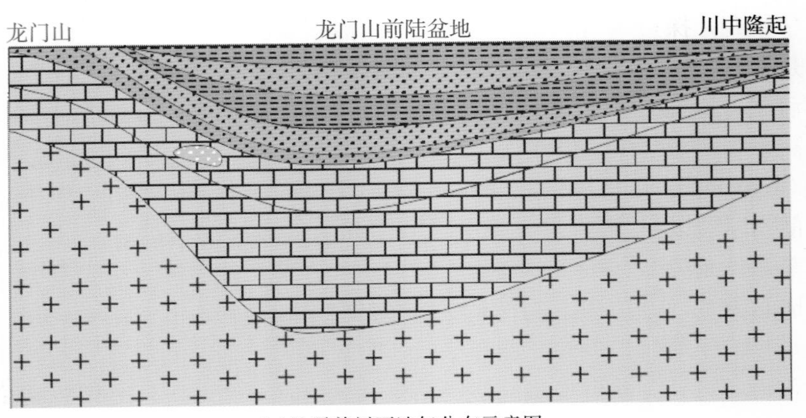

(a)地震前川西油气分布示意图

注：深部发育气藏(黄色示意)。

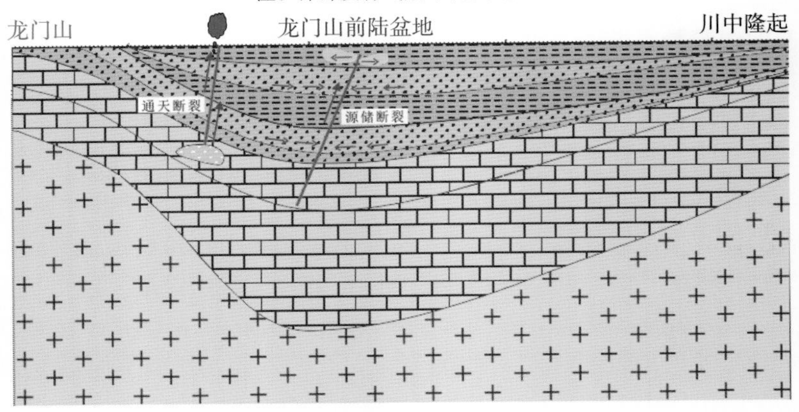

(b)龙门山地震时川西油气运移示意图

注：龙门山油气沿通天断裂迁移到地表散失；龙门山前陆盆地地腹油气经源储断裂运移到浅部。

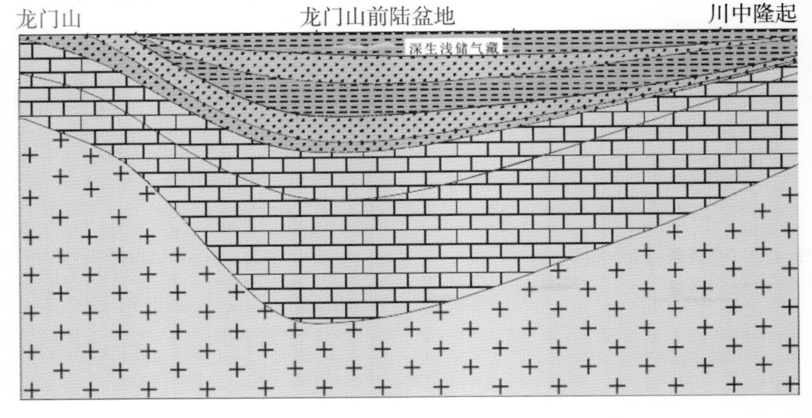

(c)龙门山地震控制的川西油气二次运移成藏示意图

注：地震导致龙门山油气散失，但在龙门山前陆盆地形成深生浅储气藏。

图 4.11　龙门山地震控制的川西油气二次运移聚散概念模型

科学研究，探索自然、解释自然现象固然重要，但对应用基础研究而言，更重要的是用科学理论指导生产实践。依据对汶川地震的地下流体效应、龙门山的地震活动性、地震能量密度分布(Manga et al.，2012)等的综合研究，编制了龙门山地震控制影响的川西油气二次运移成藏区带图，见图4.12和图4.13。龙门山地震对龙门火山一四川盆地山盆系统油气成藏的影响可以大致分为两个带，在龙门山前山断裂以西(白色点线西北侧)，地震的影响以油气藏的破坏为主，称为震致逸散带；龙门山山前断裂以东，至龙泉山一线，地震的影响以地震控制的二次运移成藏为主，称为震控成藏带(白色点线和青色点线之间的区域)。龙泉山一线以东，至川中隆起，为地震影响带，即地震对油气的运移有影响，如汶川地震后威远新出现的气苗等。

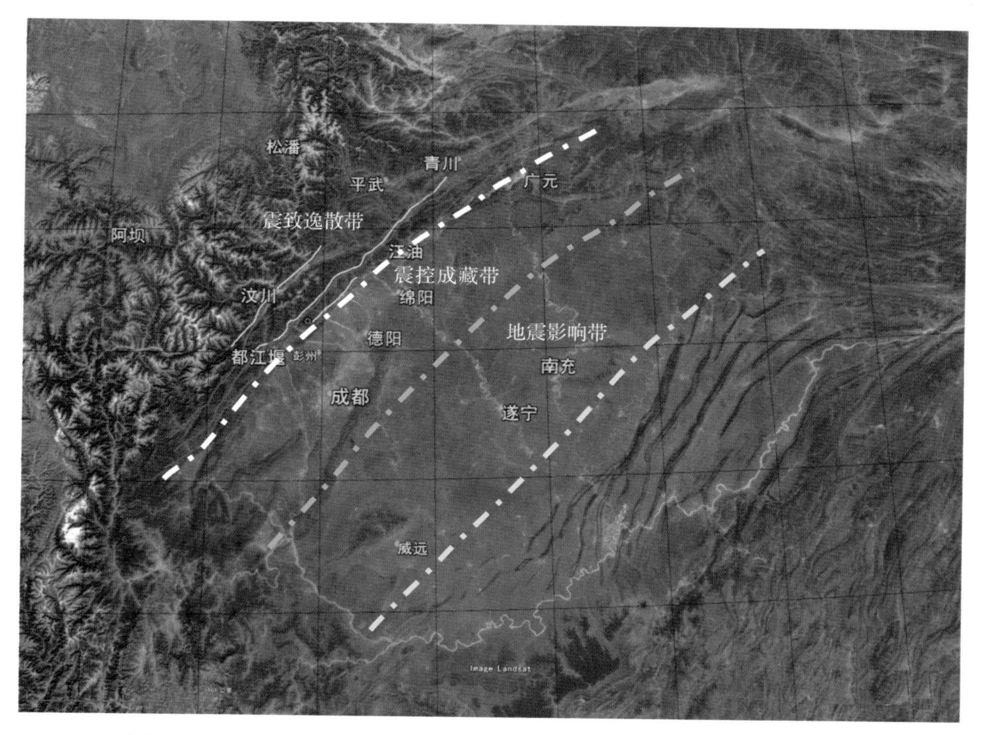

图4.12 龙门山地震控制影响的川西油气二次运移成藏区带图(平面)

注：图上的红色线条标示龙门山的断裂带；龙门山的黄色线标示汶川地震的同震破裂；白色粗点线标示震致逸散带和震控成藏带的大致边界，青色线是震控成藏带与地震影响带的大致边界。

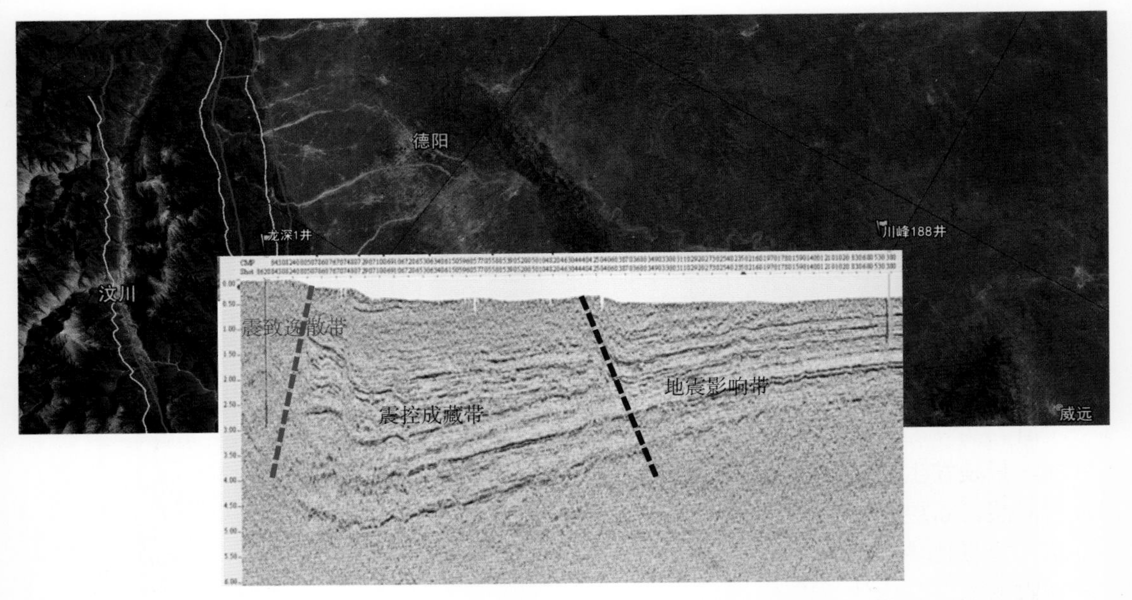

图 4.13　龙门山地震控制影响的川西油气二次运移成藏区带图(剖面)

注：上图中的红色线条标示龙门山的断裂带，黄色线标示汶川地震的同震破裂；下图为过龙深 1 井和川峰 188 井的地震剖面图像；龙门山为震致逸散带，龙门山前缘至龙泉山之间为震控成藏带，龙泉山以东至川中为地震影响带。

第5章　认识与讨论

世界上绝大多数高丰度聚集的油气藏在空间上都和断层密切相关，预示这些油气藏的形成与断层有关。关于断层在油气藏形成中的作用，在分析油气运移时，认为它是油气运移通道；而在分析保存条件时，又认为它是封堵边界。同一地质构造，在油气成藏分析中被赋予了这两个截然相反的功用，这是一个显然地矛盾。实际上，在油气成藏中，断层的这两个截然相反的功用都可能是实际存在的，只是发生在不同的时间段，这个时间段的分割事件就是地震。地震形成或开启断层，断层成为油气运移通道；地震间隙期断层闭合或愈合，运移通道被封堵，形成封堵边界。断层是历史地震的产物，断层的广泛分布说明在地质历史上地震频繁而广泛的发生过。断层对油气成藏的影响与控制，实质上是地震对油气运移的影响与控制。这是一个新的认识。

地震通过多种机制影响控制油气运移成藏。地震控制、影响油气运移成藏的机制包括三类六型，三类分别为：I：同震破裂(包括成震破裂和地震波诱发的微破裂)；II：地震波动压；III：孕震地应力；其中前两类属于直接作用，第三类属于相关作用；六型包括：I_1：同震破裂成为油气二次运移通道；I_2：同震破裂对深部岩石孔隙流体的泵式抽吸与输运(即地震泵的作用机制)；II_1：地震冲击波在近至中震区激活地腹断层或形成微裂缝，形成流体快速运移通道；II_2地震波动压对岩石孔隙流体渗流的助推作用；III_1：孕震动压差增强渗透性；III_2：增强的地应力的排液作用。对同震破裂在油气运移中的作用及其机制，前人已有认识与分析。关于孕震应力在油气成藏中的作用，以及地震的地腹构造效应，是我们全新的认识。

地震以形成岩石的破裂为特征。同震破裂的流体疏导作用，对油气成藏既可能是建设性的，也可能是破坏性的。如果同震破裂贯通地表(通天断裂)，如在汶川地震后在龙门山观测到的，其作用只可能是造成油气藏的破坏和油气逸散；如同震破裂只局限在地腹，且连通了深部的油气藏和浅部的储层，则会形成深生浅储的油气藏，川西新场的浅部气藏很可能就是通过这一机制形成的。地震不只是在成震断裂带形成同震破裂，在近场地腹，也会形成显著的构造形变，包括断层的形成。这一认识，对分析地震在油气成藏中的作用，具有重要意义。

油气藏有多种类型。决定油气藏的类型的主要因素可能是区域地震活动性。依据区域地震活动性，我们将油气成藏的类型划分为三类：I：稳定地台区近源低丰度聚集岩性油气藏；II：平缓褶皱区孕震应力驱动高丰度聚集背斜油气藏；

III：地震活动带震控二次运移深生浅储成藏。在稳定的地台区，无孕震应力的作用，油气成藏以压实排烃为主，油气成藏以在与烃源岩接触的多孔岩石(储层)中的低丰度聚集为特征，如鄂尔多斯盆地的油气成藏；在地震弱活动区，存在以侧向挤压为主的孕震应力的作用，褶皱发育；储层中分散分布的低丰度油气在孕震应力的作用下沿高渗透储层向构造高点迁移，形成高丰度聚集的背斜油气藏，世界上绝大多数的碎屑岩背斜圈闭油气藏属于此类；在地震带，在高强度地应力的积累与地震性释放过程中，通天的同震破裂导致与破裂带连通的油气藏的破坏与逸散，而连通深部油气藏和浅部储层的地腹源储断裂导致深部油气沿断层向上迁移形成二次聚集成藏。龙门山地震带的油气逸散与龙门山前陆盆地深生浅储油气的成藏属于此类。

油气成藏类型和区域地震活动性的密切关系，既对油气勘探有一定的指导意义，也对研究区域历史地震活动性有指导意义。

震控成藏是在研究汶川地震的流体与构造效应过程中提炼出来的油气成藏理论。世界上有许多大油气田分布在地震带附近，尤其是比邻地震带的前陆盆地。因此，震控成藏的机制可能是普遍存在的。

震控成藏是一个全新的理论假设，本著提供了坚实的事实依据，但对所涉及的基础问题的数理建模与震控成藏的实用评价方法技术研究发展仍有不足，有待继续努力。

参考文献

蔡学林，曹家敏，朱介寿，等. 2008. 龙门山岩石圈地壳三维结构及汶川大地震成因浅析. 成都理工大学学报(自然科学版)，35(4)：357－365.

曹俊兴，刘树根，何晓燕，等. 2009(a). 从汶川地震分析龙门山与四川盆地的动力耦合机制及其对川西深层油气运移聚散的影响. 成都理工大学学报：自然科学版，36(6)：605－616.

曹俊兴，刘树根，何晓燕，等. 2009(b). 龙门山地震对川西天然气聚散的影响. 天然气工，29(2)：6－11.

陈达生. 1984. 地震引起的地表破裂长度与震级之间的经验关系。华北地震科学. 2(2).

陈九辉，刘启元，李顺成，等. 2009. 汶川 8.0 地震余震序列重新定位及其地震构造研究. 地球物理学报，52(2)：390－397.

戴金星，王庭斌，宋岩，等. 1997. 中国大中型天然气田形成条件与分布规律. 北京：地质出版社. p. 27.

付广，孟庆芬. 2002. 断层封闭性影响因素的理论分析. 天然气地球科学，13(3－4)：40－44.

国家重大科学工程“中国地壳运动观测网络”项目组. 2008. GPS 测定的 2008 年汶川 Ms 8.0 级地震的同震位移场. 中国科学 D 辑：地球科学，38(10)：1195～1206.

黄第藩，王兰生. 2008. 川西北矿山梁地区沥青脉地球化学特征及其意义。石油学报，29(1)：23－28.

黄媛，吴建平，张天中，等. 2008. 汶川 8.0 级大地震及其余震序列重定位研究. 中国科学 D 辑：地球科学，2008，38(10)：1242－1249.

江娃利，谢新生. 2009. 龙门山后山断裂汶川 MS 8.0 地震地表破裂带 [J]. 国际地震动态. No. 4 p. 4

李明诚. 2004. 石油与天然气运移(第三版). 北京：石油工业出版社.

刘成龙. 2012. 汶川地震地下水前兆异常及同震响应研究. 博士学位论文. 北京：中国地质大学.

刘巧霞，朱介寿，曹俊兴，等，2010. 汶川 Ms8.01 级地震余震重新定位及其空间分布特征研究. 第四纪研究，30(4)：736－744.

刘树根，李国蓉，李巨初，等. 2005. 川西前陆盆地流体的跨层流动和天然气爆发式成藏. 地质学报，79(5)：690－699.

刘树根，李智武，曹俊兴，等. 2009. 龙门山陆内复合造山带的四维结构构造特征. 地质科学，44(4)：1151－ 1180.

刘颖，谢君裴. 1984. 沙土振动液化. 北京：地震出版社.

吕延防，付广. 2002. 断层封闭性研究. 北京：石油工业出版社，p. 150.

罗晓容. 油气成藏动力学研究之我见. 天然气地球科学，2008，19(02)：149－156.

罗志立，龙学明. 1992. 龙门山造山带崛起和川西陆前盆地沉降. 四川地质学报，12 (1)：204－318.

庞雄奇，陈冬霞，张俊. 2007. 隐蔽油气藏的概念与分类及其在实际应用中需要注意的问题. 岩性油气藏. 19(1)：1－8.

佩罗东 A. 1993. 石油地质动力学. 北京：石油工业出版社.

邱桂兰，官致君，杨贤和，等. 2011. 四川地区地下水位对汶川地震的同震效应. 华北地震科学，29(2)：40－44.

王成善，邓斌，朱利东，等. 2009. 四川省青川县东河口地震遗址公园发现温泉及天然气溢出. 地质通报，38(7)：991－994.

王金琪. 1997. 油气活动的烟囱作用. 石油实验地质，19(3)：193－200.

王卫民，赵连锋，李娟，等. 四川汶川 8.0 级地震震源过程. 地球物理学报，2008，51(5)：1403 ～1410.

吴山. 2008. 龙门山巨型滑覆型飞来峰体系与龙门山构造活动性. 成都理工大学学报：自然科学版，35(4)：376－382.

吴振林，刘安捷. 1983. 海城、唐山两大地震前后油井生产动态的变化. 地震学报，5(4)：461－465.

吴振林，邹泉生，张德元等. 1980. 渤海湾地区油、水井异常与地震的关系. 石油学报，1(4)：39－47.

谢泽华. 2000. 天然气成藏模式与勘探方法—以川西天然气藏为例. 石油与天然气地质，21(2)：144～147.

徐锡伟，陈桂华，于贵华等. 2010. 5·12 汶川地震地表破裂基本参数的再论证及其构造内涵分析. 地球物理学报，53(10)：2321－2336.

徐锡伟，闻学泽，叶建青，等. 2008. 汶川 Ms8.0 地震地表破裂带及其发震构造. 地震地质，30(3)：597～629.

杨晓平，李安，刘保金等. 2009. 成都平原内汶川 Ms8.0 级地震的地表变形. 地球物理学报，52(10)：2527－2537.

张德元，赵根模. 1983. 唐山地震前后渤海地区油井动态异常变化. 地震学报，5(3)：360－369.

张培震，徐锡伟，闻学泽等. 2008. 2008 年汶川 8.0 级地震发震断裂的滑动速率、复发周期和构造成因. 地球物理学报，51(4)：1066－1073.

张勇，冯万鹏，许力生等，2008 年汶川大地震的时空破裂过程，中国科学 D 辑：地球科学 2008，38(10)：1186－1194.

朱艾斓，徐锡伟，刁桂苓，等. 2008. 汶川 8.0 地震部分余震重新定位及地震构造初步分析. 地震地质，30(3)：760－767.

朱介寿. 2008. 汶川地震的岩石圈深部结构与动力学背景. 成都理工大学学报(自然科学版)，35(4)：348－356.

卓钰如. 1984. 破裂长度、地震矩及地震的应力降与震级关系的讨论。地球物理学报 27(3)：298－302 .

Acharya，H. K.，1979. Reginal Variations in the Rupture-Length Magnitude Relationships and Their Dynamical Significance. Bulletin of the Seismological Society of America，69(6)：2063－2084.

Beresnev IA，Johnson PA. 1994. Elastic-wave stimulation of oil production：a review of methods and results. Geophysics，59，1000－1017.

Brodsky EE，Roeloffs E，Woodcock D，Gall I，Manga M. 2003. A mechanism for sustained groundwater pressure changes induced by distant earthquakes. Journal of Geophysical Research，108，2390.

Brodsky EE，Roeloffs E，Woodcock D，Gall I，Manga M. 2003. A mechanism for sustained groundwater pressure changes induced by distant earthquakes. Journal of Geophysical Research，108，2390.

Burchfiel B C，Royden L H，van der Hilst R D，et al. A geological and geophysical context for the Wenchuan earthquake of 12 May 2008，Sichuan，People's Republic of China. GSA Today. 2008，18(7)：4～11.

Bäth，M.，and S. J. Duda，1964. Earthquake volume，fault plane area，seismic energy strain，deformation，and related quantities，Ann. Geofis. Rome，17：353－368.

Cartwright，J.，Huuse，M.，and Aplin，A. 2007. Seal bypass systems. AAPG Bulletin，91(8)：1141－1166.

Claesson L，Skelton A，Graham C，Morth C-M. 2007. The timescale and mechanisms of fault sealing and water-rock interaction after an earthquake. Geofluids，7，427 - 40.

Doan ML，Cornet FH. 2007. Small pressure drop triggered neara fault by small teleseismic waves. Earth and Planetary Science Letters，258，207－18.

Elkhoury JE，Brodsky EE，Agnew DC. 2006. Seismic waves increase permeability. Nature，411，1135－1138.

Elkhoury JE，Brodsky EE，Agnew DC. 2006. Seismic waves increase permeability. Nature，411，1135－1138.

Engelder J. T. 1974. Cataclasis and the Generation of Fault Gouge. GSA Bulletin，85(10)：1515－1522.

Environment Canterbury Groundwater Resources Section. 2011. Earthquake impacts on groundwater. Update ＃1，＃2，＃3. http：//ecan. govt. nz/publications/General/earthquake-impacts-groundwater-update-1-130411. pdf

Faoro, I. , D. Elsworth, and C. Marone. 2012. Permeability evolution during dynamic stressing of dual permeability media, J. Geophys. Res. , 117(B01310): 1—10.

Faoro, I. , Elsworth, D. , Marone, C. 2012. Permeability evolution during dynamic stressing of dual permeability media. J. Geophys. Res. . 117(B01310): 1—10.

Geballe, Z. M. , C. —Y. Wang, and M. Manga. 2011. A permeability-change model for water level changes triggered by teleseismic waves, Geofluids, vol. 11, 302—308.

Geballe, Z. M. , Wang, C. Y. and Manga, M. 2011 . A permeability-change model for water-level changes triggered by teleseismic waves. Geofluids, 11: 302—308.

Gibson, R. G. , 1994, Fault-zone seals in siliciclastic strata of the Columbus basin, offshore Trinidad: AAPG Bulletin, vol. 78, p. 1372—1385.

Hooper E C D. 1991. Fluid migration along growth faults in compacting sediments. Journal of Petroleum Geology , 4(2): 161—180.

Hornafius, J. S. , Quigley, D. C. , and Luyendyk, B. P. 1999. The world's most spectacular marine hydrocarbon seeps(Coal Oil Point, Santa Barbara Channel, California): Quantification of Emissions. J. of Geophysical Research, 4(9): 20703—20711.

http: //earthquake. usgs. gov/eqcenter/eqinthenews/2008/us2008ryan/finite _ fault. php. (Chen Ji, UCSB, and Gavin Hayes, NEIC. Finite Fault Model-Preliminary Result of the May 12, 2008 Mw 7. 9 Eastern Sichuan, China Earthquake. [2008—5—25]).

Hubbert, M. K. 1953. Entrapment of Petroleum under Hydrodynamic Conditions. Bulletin of the American Association of Petroleum Geologists, 38(8): 1954—2026.

Jones G. , Knipe R. J. and Fisher Q. J. (eds). 1998. Faulting, Fault Sealing and Fluid Flow in Hydrocarbon Reservoirs. Geological Society, London, Special Publications 147.

King, G. C. P. ; Wood, R. M. 1994. The impact of earthquakes on fluids in the crust. Annals of Geophysics, 37(6): 1453—1460.

Knipe, R. J. , 1992, Faulting process and fault seal. In: Larsen, R. M. , Breke, H. , Larsen, B. T. and Talleraas, E. (Eds)Structural and tectonic modelling and its application to petroleum geology. NPF Special Publication 1, Stavanger, 325—342.

Knipe, R. J. , 1997, Juxtaposition and seal diagrams to help analyse fault seals in hydrocarbon reservoirs. AAPG Bulletin, 81(2), 187—195.

Koestler G. and Hunsdale R. eds. , 2002. Hydrocarbon Seal Quantification. Norwegian Petroleum Society (NPF), Special Publication 11. 263p.

Liu Yaowei. 2007. Review of Research Progresses on the Science of Earthquake Underground Fluid in China During the Last 40 Years. Earthquake Research in China, 21(1): 16—32.

Manga, M. , and C. —Y. Wang . 2007. Earthquake hydrology, in Treatise on Geophysics, G. Schubert editor, volume 4, 293—320.

Manga, M. , I. Beresnev, E. E. Brodsky, J. E. et al. 2012. Changes in permeability by transient stresses: Field observations, experiments and mechanisms, Reviews of Geophysics, Vol. 50, RG2004.

Matsumoto N. 1992. Regression analysis for anomalous changes of ground water level due to earthquakes. Geophysical Research Letters, 19, 1193—1196.

Matthew J. D, 2008. The Origin of oil-A Creationist Answer. Answers Research Journal 1: 145—168.

Max Wyss and James N. Brune. 1968. Seismic moment, stress, and source dimensions for earthquakes in the California-Nevada region. J. Geophys. Res. 73(14): 4681—4694.

Moeller-Pederson，P.，Koestler，A. G.，eds.，1997. Hydrocarbon Seals：Importance for Exploration and Production：Norwegian Petroleum Society Special Publication 7，250 p.

Rice，J. R. 1992. Fault Stress States，Pore Pressure Distributions，and the Weakness of the San Andreas Fault，in Fault Mechanics and Transport Properties in Rocks（eds. B. Evans and T. －F. Wong），Academic Press，p 475－503.

Roeloffs E. 1996. Poroelastic techniques in the study of earthquake-related hydrologic phenomena. Advances in Geophysics，37，135－93.

Roeloffs，E. 1998. Persistent water level changes in a well near Parkfield，California，due to local and distant earthquakes，Jour. Geophys. Research.，103. B1 . 869－889.

Sibson R H，，Moore J M，Rankin A H；1975. Seismic pumping a hydrothermal fluid transport mechanism；Journal of Geological Society；131(6)：653－659.

Smith，D. A.，1980，Sealing and non-sealing faults in Louisiana Gulf Coast salt basin：AAPG Bulletin，vol. 64，p. 145－172.

Smith，Derrell A.，1966，Theoretical Considerations of Sealing and Non-sealing Faults：AAPG Bulletin，vol. 50：363－374.

Tocher. 1958. Earthquake energy and ground breakage. Bulletin of the Seismological Society of America，48：147－153.

Wang Heiyuan and Tao Xiaxin. 2003. Relationships between moment magnnitude and fault parameters：Theoretical and seimi-empirical relationships. Earthquake Engnieering and Engoneering Vibaration，2(2)：201－2011.

Wang，C. －Y.，C. H. Wang，and M. Manga . 2004. Coseismic release of water from mountains：Evidence from the 1999 (Mw = 7. 5) Chi-Chi，Taiwan，earthquake，Geology，32，769 － 772，doi：10. 1130/G20753. 1.

Wang，C. － Y. 2007. Liquefaction beyond the near field，Seismol. Res. Lett.，78，512 － 517，doi：10. 1785/gssrl. 78. 5. 512.

Wang，Q.，X. Qiao Xuejun，Q. Lan，et al. 2011. The 2008 Wenchuan earthquake：Rupture of deep faults in the 2008 Wenquan earthquake and uplift of the Longmen Shan，Nature Geoscience，Vol. 4：634－640 | doi：10. 1038/ngeo1210

Watts，N.，1987，Theoretical aspects of cap-rock and fault seals for single-and two-phase hydrocarbon columns：Marine and Petroleum Geology，4(4)：274－307.

Weber K. J.，Mandl G. J.，Pilaar W. F. et al. 1978. The Role of Faults in Hydrocarbon Migration andTrapping in Nigerian Growth Fault Structures. Offshore Technology Conference，8-11 May，Houston，Texas. OTC-3356-MS.

Weber，K. J.，1987. Hydrocarbon distribution patterns in Nigerian growth fault structures controlled by structural style and stratigraphy：Journal of Petroleum Science and Engineering，1(2)：91－104.

Wells，D. L.，and K. J. Coppersmith. 1994. New empirical relationships among magnitude，rupture length，rupture width，rupture area，and surface displacement，Bulletin of the Seismological Society of America，84(4)：974－1002.

Zheng，G.，Xu，S.，Liang，S.，Shi，P.，and Zhao，J. 2013. Gas emission from the Qingzhu River after the 2008 Wenchuan Earthquake，Southwest China. Chemical Geology，339：187－193.

Zheng-Kang Shen，Jianbao Sun，Peizhen Zhang，et al. Slip maxima at fault junctions and rupturing of barriers during the 2008 Wenchuan earthquake. Nature Geoscience，2009，2，718－724 | doi：10. 1038/ngeo636.

索　引